深空探测技术前沿系列

深空探测器
自主任务规划技术

Autonomous Mission Planning Technology for
Deep Space Probe

● 徐瑞 崔平远 朱圣英 著

高等教育出版社·北京

图书在版编目（ＣＩＰ）数据

深空探测器自主任务规划技术 ／ 徐瑞，崔平远，朱圣英著. -- 北京：高等教育出版社，2018.12
　　ISBN 978-7-04-050913-7

　　Ⅰ. ①深⋯ Ⅱ. ①徐⋯ ②崔⋯ ③朱⋯ Ⅲ. ①空间探测-研究 Ⅳ. ①V1

中国版本图书馆 CIP 数据核字（2018）第 248394 号

SHENKONG TANCEQI ZIZHU RENWU GUIHUA JISHU

策划编辑　黄慧靖		责任编辑　张　冉	
封面设计　顾　斌		责任印制　尤　静	

出版发行	高等教育出版社	网　　址	http://www.hep.edu.cn
社　　址	北京市西城区德外大街 4 号		http://www.hep.com.cn
邮政编码	100120	网上订购	http://www.hepmall.com.cn
印　　刷	北京佳信达欣艺术印刷有限公司		http://www.hepmall.com
开　　本	787mm×1092mm　1/16		http://www.hepmall.cn
印　　张	13.75		
字　　数	270 千字	版　　次	2018 年 12 月第 1 版
购书热线	010-58581118	印　　次	2018 年 12 月第 1 次印刷
咨询电话	400-810-0598	定　　价	89.00 元

序

    深空探测是人类了解宇宙、探索太阳系、获取更多科学认知的重要手段。随着科学技术的发展,人类已经具备了通过航天活动来探索地球以外天体的能力。深空探测是 21 世纪世界宇航大国关注的焦点之一,它有利于促进对太阳系及宇宙形成与演化等问题的研究,有利于推动空间技术的跨越式可持续发展。我国嫦娥一号月球探测任务的圆满成功,开启了中国人走向深空、探索宇宙奥秘的新时代,标志着我国已经进入世界具备深空探测能力的国家行列。随着我国探月工程的有序推进,自主火星、木星探测等深空探测任务也已提上了议事日程。深空探测任务的实施对于推动航天事业发展、引领国家科技进步与创新发挥着十分重要的作用。

    深空探测器自主技术是解决远距离探测器自主运行和管理的一条有效途径。可以在探测目标距离远、时间延迟长、飞行环境不确定等条件下,通过在探测器上构造星上软件系统,实现探测器在轨自主任务规划、自主故障诊断与恢复、自主导航等功能,使探测器的操作、控制形成星上闭环。智能规划技术是实现自主探测器的关键技术之一。然而深空探测器自主任务规划往往面临系统难以准确描述、复杂约束推理、规划搜索空间膨胀冗余等难题,对实现探测器自主管理提出了更大的挑战。本书作者及所在团队针对深空探测器星上自主管理,围绕探测器规划系统知识描述、约束传播及一致性检测、规划搜索方法等方面,对深空探测器任务规划技术进行了长期、系统、深入的研究。

    本书对规划知识表示方法、时间约束推理方法、规划中资源约束处理方法、多智能体规划技术、深空探测器任务规划方法、多约束姿态机动规划方法等进行了深入研究。本书的最后一章根据作者团队承担的科研任务,给出了探测器任务规划技术应用案例,进一步验证了所设计的规划算法的有效性。

    本书是北京理工大学深空探测团队技术经验和科研成果的积累,是一本融合了基础理论和实际应用的学术专著,既可作为从事深空探测领域相关研究人员和科技工作者的参考书,也可作为航空宇航相关学科研究生的教材,并将对促进我国深空探测器在轨自主管理技术的进一步研究和深空探测事业的发展做出贡献。

2018 年 9 月 12 日

前　　言

随着科学技术水平的发展,人类已经具备了通过航天活动来探索地球以外天体的能力。深空探测是指脱离地球引力场,进入太阳系空间和宇宙空间的探测活动。我国在《2016 中国的航天》白皮书中把深空探测作为未来五年的主要任务之一,并"实施中国首次火星探测任务,突破火星环绕、着陆、巡视探测等关键技术……开展火星采样返回、小行星探测、木星系及行星穿越探测等的方案深化论证和关键技术攻关,适时启动工程实施"。我国月球探测任务的圆满成功,是继人造地球卫星、载人航天飞行取得成功之后我国航天事业发展的又一座里程碑,也开启了中国人走向深空、探索宇宙奥秘的新时代,标志着我国已经进入世界具备深空探测能力的国家行列。

深空探测是人类对深空环境和天体开展的探测活动。它是 21 世纪世界宇航大国关注的焦点之一。与地球卫星相比,深空探测器距离地球远,存在信息传输时滞长、飞行环境不确定等因素,仅依靠地面测控难以满足探测器控制与操作的实时性与可靠性要求。自主技术是解决这些问题的一条有效途径,它通过在探测器上构造软件系统,完成探测器任务规划、活动分解执行、故障诊断、故障恢复等功能,使探测器的操作、控制形成真正的星上闭环。因此,自主任务规划技术成为实现深空探测器自主运行的关键技术之一。

本书共 8 章。第 1 章介绍深空探测任务及自主规划技术的特点及其相关的基本问题;第 2 章从深空探测器任务规划问题描述和定义、探测器任务规划系统的结构等问题出发,介绍深空探测器系统建模的基本方法;第 3 章围绕任务规划技术中的时间约束处理问题,介绍了任务规划中时间信息的表示方法、时间约束的推理以及一致性检测等问题,并采用时间约束网络以及几何法两种思路对深空探测器任务规划中的时间信息进行处理;第 4 章介绍任务规划中资源约束的描述和处理,采用基于最大流问题的增广路方法和预流推进方法对资源约束进行分配;第 5 章针对探测器任务规划方法,分别介绍了以持续动作、时间线以及约束可满足模型为核心的规划算法框架;第 6 章围绕多智能体系统,针对深空探测器任务规划中的多智能体协同规划问题进行展开,结合探测器系统的并行、分布特性,介绍了多智能体规划系统协作方法;第 7 章针对探测器姿态规划技术,从姿态路径规划问题描述、姿态机动约束建模等问题出发,分别介绍了多约束下的能量最优和时间最优姿态机动路径规划方法;第 8 章结合前面给出的理论模型和设计思想,给出了深空探测器任务规划技术应用案例。

本书中的相关研究工作得到了国家"973"计划、"863"计划、民用航天预研项目、国防基础科研项目、国家自然基金项目的支持,作者所在团队针对深空探测器规划系统约束复杂和规划搜索空间大的特点,经过近 20 年的研究,在深空探测器规划知识建模方法、时间/资源约束处理方法、航天器任务规划方法及应用等方面进行了系统的研究和初步的应用,本书是在总结作者及所在团队前期工作的基础上而成。本书大部分内容来自作者所在团队公开发表的学术论文、有关技术报告和博士学位论文。本书的主要读者为深空探测相关工作领域的研究人员和科技工作者,也可作为高等院校相关专业的教学参考书。

　　本书在编写过程中得到了北京理工大学各级领导的支持和深空探测领域专家的帮助,也得到了科技部"973"计划、"863"计划及国家国防科工局相关计划的支持,在此表示感谢。研究团队中的金颢、李朝玉、王辉、陈超、赵宇庭、王卓等博士也付出了大量的劳动,在此表示感谢!

　　由于编写时间紧促,加之作者学识水平有限,书中难免有错误或疏漏之处,诚请读者批评指正。

作者
2018 年 9 月

目　　录

第1章 绪 论

1.1 背景介绍

深空探测是人类航天技术发展的高级阶段,是对地外天体或空间的探测活动。目前关于深空的定义主要有两种:第一种将距离大于或等于地月距离的宇宙空间定义为深空;第二种将距离地球 $2×10^6$ km 以远的宇宙空间定义为深空。相应地,深空探测也有两种定义:一种是月球及月球以远的空间探测活动为深空探测;另一种是距离地球 $2×10^6$ km 以远的空间探测活动为深空探测。此外,还存在以探测器所受天体引力作用的性质来划分深空探测活动的第三种定义,即不以地球为主要引力场的探测活动可定义为深空探测。目前为止,人类进行的深空探测活动主要以太阳系探测为主,同时兼顾宇宙空间的观测[1]。

在人类进行的深空探测活动中,深空天体目标大多数与地球相距遥远,以火星为例,与地球之间的距离最近时约为 $5.5×10^7$ km,最远时超过 $4×10^8$ km。由于相隔遥远,探测器飞行时间长,例如 ESA(欧洲航空局,简称欧空局)在 2004 年发射的"罗塞塔"(ROSETTA)彗星探测器任务周期大于 10 年;并且信息传输时滞很长,例如地球与火星之间的单向通信传输时间大约在 3~22 min 之间。此外,探测器运行的环境复杂、苛刻、动态变化,例如温差变化很大、各种辐射强烈、各种星体碎片横行、目标星体周围气候多变以及引力场不规则等。由于目前人类对太阳系或者宇宙中的深空目标了解得并不全面,许多环境数据缺乏,造成了深空探测活动中的诸多不确定性,给探测器的长期安全自主运行提出了相当大的挑战。

深空探测是人类探索宇宙奥秘、开发天体资源、拓展空间疆域、实施技术创新的重要领域,是当今世界高新科技领域极具挑战性、创新性和带动性的重大活动,已成为 21 世纪航天大国和空间组织进行空间拓展与科技创新的战略制高点。作为深空探测的热点目标,月球、火星、小天体分别承载了不同的探测功能,美国、俄罗斯、欧空局等航天大国和组织对这些目标开展了相关探测活动,并有一系列的深空探测规划。随着各种高精尖科学技术的发展,我国将不断加快向更远深空迈进的步伐,从发展进入深空能力,到探索资源利用能力,再到拓展深空能力,为实现"两个一百年"目标和人类文明进步做出重大贡献。

对月球、行星及其卫星、小行星和彗星进行探测,都是人类对地球以外的外层空间进行探测的活动,也是人类认识自己、了解太阳系和宇宙起源以及发展空间科学、提高空间技术的重要途径。从 20 世纪 50 年代末开始,美国和苏联就从探月开始,进行了包括行星探测、行星际探测和小行星与彗星探测的一系列深空探测研究以及探测器的研制与发射工作。除月球外,已探测了太阳系行星以及部分卫星、小行星和彗星[2]。

作为地球的天然卫星,月球一直是人们关注的焦点。在 20 世纪末,美国成功发射"克莱门汀"(Clementine)号和"月球勘探者"(Lunar Prospector)号月球探测器,发现月球上可能存在水,人类拉开了第二次月球探测的高潮(图 1-1 至图 1-3)。2003年 9 月 28 日欧空局发射了欧洲第一颗月球探测器"智慧 1 号"(SMART-1,见图 1-4)。

图 1-1 "克莱门汀"远处拍摄的月球与金星(图片来源:NASA/JPL/USGS)

Fig.1-1 Clementine star tracker view of the Moon and the Venus in the distance

(source:NASA/JPL/USGS)

火星作为离地球第二近的行星,在 2003 年出现了千年难逢的探测好机会(运行到离地球最近的点),因此火星探测活动出现了一个新的高潮,先后有 3 颗火星探测器发射升空:美国的两个火星探测漫游器携带"勇气号"(Spirit)和"机遇号"(Opportunity)着陆器,欧空局的"火星快车"轨道器和"猎兔犬-2"着陆器(图 1-5 至图 1-7)。这次火星探测是自"阿波罗"(Apollo)登月行动以来开展的最大型远距离太空科研活动。已有 40 多年历史的火星探测活动进入了一个新的活跃期[3]。

图 1-2 "月球勘探者"(图片来源:LPI)

Fig.1-2 Lunar Prospector(source:LPI)

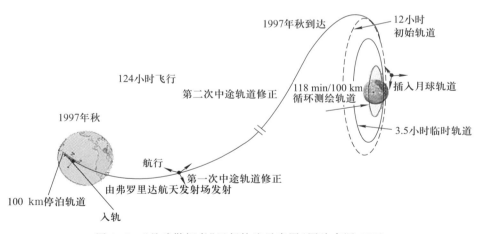

图 1-3 "月球勘探者"运行轨迹示意图(图片来源:LPI)

Fig.1-3 Illustration of the trajectory of Lunar Prospector(source:LPI)

图 1-4　"智慧 1 号"(图片来源:ESA)

Fig.1-4　Artist view of SMART-1(source:ESA)

图 1-5　"勇气号"着陆器(图片来源:NASA/JPL/Cornell University)

Fig.1-5　Artistic view of Spirit rover(source:NASA/JPL/Cornell University)

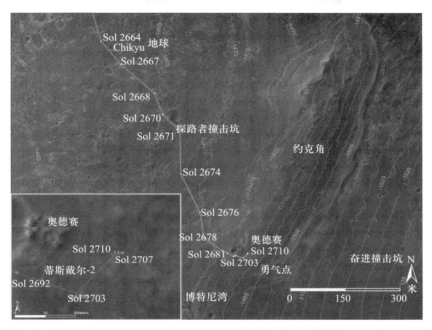

图 1-6 "机遇号"路线示意图(图片来源:NASA/JPL/Cornell/University of Arizona)

Fig.1-6 Traverse map of Opportunity(source:NASA/JPL/Cornell/University of Arizona)

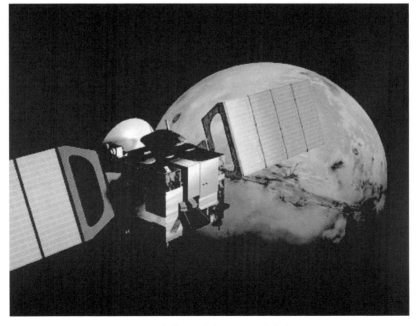

图 1-7 "火星快车"空间探测器(图片来源:ESA)

Fig.1-7 Mars Express(source:ESA)

小行星和彗星是早期太阳系的物质,它们被认为是太阳系中的"化石",这些小天体上保持着大量的太阳系初期的信息。研究小行星和彗星,对探讨太阳系、行星演化和地球科学都有重要的意义。因此自 20 世纪 80 年代中期以来美国、日本、欧空局、苏联等分别发射探测器对它们进行了探测。1985—1986 年,在哈雷彗星回归过程当中,有 5 艘飞船对它进行了近距离观测,有许多令人惊奇的发现(图 1-8、图 1-9)。1996 年 2 月,美国发射的近地小行星交会(NEAR)探测器(图 1-10),于 1997 年 6 月 27 日从 253 号小行星马蒂尔达近旁飞过,拍摄了多张图像。1998 年 10 月发射的"深空 1 号"小型探测器,除试验若干新技术之外,对 1992KD 小行星进行了探测;2003 年 5 月日本发射"缪斯 C"(MUSES-C)小行星探测器,执行人类首次从小行星带回岩石碎片的任务。2004 年 3 月 2 日欧空局成功发射"罗塞塔"(Rosetta)探测器(图 1-11),它是人类首个近距离绕彗星运行、进而释放登陆器在彗星表面着陆的探测器。

图 1-8 1910 年哈雷彗星接近时拍摄图片

Fig.1-8 A photograph of Halley's Comet taken during its 1910 approach

随着各类探测器的发射成功和经济的发展与科学技术的进步,深空探测已经成为新世纪空间探测的重要内容之一,各个国家分别制定了新世纪深空探测计划。

美国国家航空航天局(NASA)计划在 2025 年拜访一颗位于火星和木星之间的主带小行星,随后于 2027—2033 年探测 6 颗位于木星轨道上的特洛伊小行星,并在 2030 年左右将宇航员送上火星。欧空局计划在 2020 年执行火星表面探测任务,并

图 1-9　1986 年 3 月 8 日拍摄的哈雷彗星

Fig.1-9　Halley's Comet on 8 March 1986

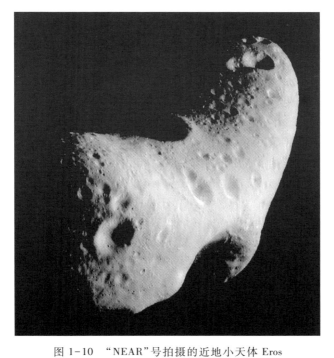

图 1-10　"NEAR"号拍摄的近地小天体 Eros

Fig.1-10　Near-Earth asteroid Eros as seen from the NEAR spacecraft

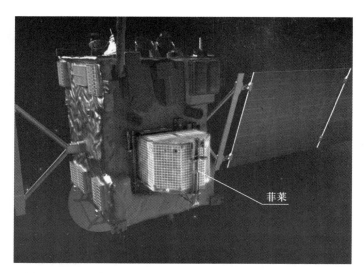

图 1-11　"罗塞塔"探测器及"菲莱"着陆器(图片来源：DLR)

Fig.1-11　Rosetta and Philae(source：DLR)

与俄罗斯、印度等国合作开展月球探测活动。俄罗斯航空局(RKA)计划在 2020 年执行 ExoMars 任务,探索火星,并于 2030 年前后建立月球基地。日本宇宙航空研究开发机构(JAXA)计划到 2030 年实现日本宇航员的探月之行,并于 2020 年前后发射火星轨道器和着陆器,对火星内部、表面、大气及周围空间进行探测。印度空间研究组织(ISRO)计划首次探测金星,并计划登陆火星,火星登陆计划暂定于 2021—2022年执行。此外,韩国、阿联酋等其他国家也针对月球、火星或小行星建立了对应的深空探测计划。

我国的月球探测工程——"嫦娥工程"正有条不紊地按步进行。中国探月工程分"绕、落、回"三步走：绕月任务由嫦娥一号在 2007 年完成(图 1-12),实现环绕月球探测;落月任务实现月面软着陆和自动巡视勘察,包括嫦娥二号、三号、四号共三次任务,2018 年,我国将发射"嫦娥四号"飞行器,实现世界首次月球背面软着陆;返回任务实现无人采样返回,包括嫦娥五号、六号两次任务,嫦娥五号将实现我国首次月球采样并返回地球[4]。

2016 年 3 月,中国首次火星探测任务立项研制,计划于 2020 年 7 月通过一次任务实现火星环绕探测和巡视探测的目标。探测器飞行约 7 个月后到达火星,将对火星开展为期两年的环绕探测,在火星表面着陆区附近开展 3 个月的巡视探测。

深空探测任务中探测目标远、飞行时间长、所处环境动态多变等特点,导致深空探测器的操作和控制与近地卫星存在很大区别,例如上传指令的延迟、星体的空间遮挡、数据传输率低以及探测器长期可靠运行等多方面的问题。目前传统的地面测控站-航天器大回路操作控制模式限制了深空探测的实时控制和长期安全运行。因

图 1-12　嫦娥一号示意图

Fig.1-12　Illustration of Chang'e 1

此,基于星上计算机软硬件系统建立在轨自主管理系统是未来深空探测技术发展的一个重要方向。

本书主要给出了深空探测自主任务规划技术的相关内容。

1.1.1　深空探测提出的需求

探测器是深空探测任务中的主体,它由地球发射进入太空,实施行星及其卫星探测和小行星与彗星探测。根据探测任务的不同,探测器可携带着陆器或探测车,并将其释放到星体表面进行近距离探测。深空探测中的探测目标与地球的距离十分遥远(现已达 7.2×10^9 km),而且我们对深空环境还不十分了解,仅依靠遥控的方式很难完成对太阳系星体的探测活动。这就为深空探测任务提出了十分苛刻的要求,如操作费用、任务的可靠性、通信网络和实时性的要求等[5]。解决的办法就是采用人工智能中的规划调度技术、模式识别技术、故障诊断技术等,建立探测器上的自主控制系统,使探测器的控制形成星上闭环。实现探测器自主性的核心是探测器自主任务规划技术,它根据地面的任务要求选择所要执行的活动,并给它们分配资源和时间,这些活动一旦执行便可以达到预期的目标。但是深空探测领域中的一些复杂情况给任务自主规划系统提出了新的挑战。这些特殊情况包括:

(1) 复杂的资源约束。例如对于离散资源(照相机、姿态系统等各种仪器),两个活动不能同时使用同一资源;对于连续资源(电能、燃料等),各个系统使用同一资源的量的总和不能超过探测器所能提供的该资源的总量。

(2) 时间方面的约束。每个探测器活动都有一定持续时间(而不是瞬时发生的),而且该持续时间可能也是变化的(如探测器姿态的转动需要时间,且需要的时间长短是由探测器转动的初始姿态和目标姿态之间的差值决定的)。

(3) 活动之间并发性约束。例如探测器对目标星进行拍照时必须要求探测器的姿态控制系统同时将探测器的姿态保持在拍照目标方向。

(4) 规划的连续性和长期性。深空探测任务的周期比较长,一般都在 5 年以上,因此要求探测器能够连续长期地进行自主规划。

(5) 探测环境的不确定性。深空探测的目标是遥远的星体,我们仅通过一些观测手段得到了一些粗略的数据,它周围环境的详细数据很难得到,因此环境建模时存在很大的不确定性。

(6) 故障情况。深空探测的环境十分恶劣,探测器的软、硬件故障是不可避免的。

这些特殊的情况要求在进行任务规划时,不仅需要考虑活动的选择和排序,同时还需要对资源、时间等进行分配和优化,这与传统的规划和调度技术有很大的区别[6]。传统的规划知识表示方式和问题求解方法都不能够直接应用到这样的领域,设计新的知识表示方法和规划算法是必需的,这也正是我们针对深空探测器的任务规划问题进行深入研究的原因。

1.1.2　研究的目的和意义

深空探测在新世纪已成为航天领域中的一大热点,备受各个航天大国的关注[7-10]。深空探测是一个国家综合国力和科技水平的体现,是中国航天活动发展的必然选择。在过去的几十年中,我国虽已在空间探测方面做出了比较大的成绩,但在深空探测方面还存在许多空白,很多技术都处于刚刚起步阶段[11]。因此,对深空探测领域的相关关键技术进行研究是必须和必要的。

本书的目的是对深空探测的自主技术进行研究,重点是其核心技术之一——规划技术。针对探测器领域中存在的复杂时间约束、资源约束、并发性等特点,设计适用于该领域的探测器自主任务规划系统,为我国“好、快、省”地发展深空探测奠定技术基础。

本书的研究对于未来的深空探测主要具有如下几方面的意义：

（1）由于系统的自主性可使探测器在整个任务过程中减少地面干预，从而降低探测器操作费用以及对深空网络的需求；

（2）由于系统自身的规划和推理能力，可以进一步应付深空探测任务中的不确定性，从而增加了任务的可靠性；

（3）系统采用高级科学任务指令，从而增加了地面与探测器的交互性；

（4）系统通过规划对各种资源进行合理分配和利用，从而提高了任务的回报；

（5）规划系统可以灵活地运用到今后的探测器的设计和研制中，缩短深空探测器的研制周期。

探测器自主任务操作这一新技术的应用将会给航天领域带来革命性的变化，掌握该技术对促进我国深空探测以及航天技术水平的提高具有重要意义[12]。

1.2 规划技术的发展

实现自主技术的核心是规划技术，规划系统可以根据具体情况进行决策，得到合理的执行序列。它的发展经历了漫长过程。在人工智能的研究中规划是其较早的研究领域之一，它的研究可以追溯到 20 世纪 60 年代：1957 年 Newell 和 Simon 的问题求解程序（GPS）、Green 的 QA3 系统（1969）。1971 年 Fike 和 Nilsson 的 STRIPS[13] 系统在智能规划领域中具有划时代的意义，这使规划的描述和操作变得非常容易，但由于受到当时客观条件的制约，该领域一直处于较为保守的状态。但是由于其广泛的实用性，规划技术受到研究者的高度重视。特别是近几年来，随着客观条件的改善，一些发达国家在此领域获得了长足的发展，已经开发出来了获取和使用特定领域控制信息的有效方法[14-15]，并且有了一些实用的规划器（planner），它们能够在数分钟内合成包括上百条动作的规划，并且在国防和空间技术领域中得以成功的应用，取得了巨大的经济和社会效益。NASA 于 1999 年在航天器"深空 1 号"中运用规划技术[16]，使规划研究从实验室向实际应用迈出了重要的一步，标志着规划的研究步入了实用阶段，智能规划已经成为人工智能领域研究的热点。

1.2.1 规划问题的复杂度

虽然人们对规划问题的研究已经 50 多年了，到目前也已经提出了各种各样的解决方案，但是由于规划问题是一个非常难解决的问题，所以现在能够完美解决的规划问题还只是局限于一些像积木世界这样的小问题领域，对于现实世界中的一些大而复杂的规划问题仍然不能很好地解决，下面简单给出前人从理论上分析规划问题计算复杂性的一些结论：

（1）Gupta 和 Nau 于 1991 年证明，不论采取什么样的形式化系统，积木世界问题总是 NP 难题[17]；

（2）领域相关的规划问题至少是 NP 完全的[18]；

（3）领域无关性的规划问题是 PSPACE 完全问题或更难[19]；

（4）Bernhard Nebel 于 1994 年证明了规划问题是 NP 难题[20]；

（5）Selman 于 1994 年进一步指出：类似于规划的问题是 NP 完全的或更难的[21]。

现在所能解决的规划问题还有很大的局限性，也正因为如此，规划问题的研究才具有很大的挑战性，使得一些人工智能领域的研究者对此产生了浓厚的兴趣。

1.2.2　传统的规划问题

一个传统规划系统包括三个输入：问题空间的初始状态形式化描述、系统所要达到的目标形式化描述、可能实施动作的形式化描述。规划器的输出是执行后能达到特定目标的动作序列。

采用 STRIPS 语言，即用命题和一组相关参数对一条知识进行描述，命题来描述世界的一个状态，活动来描述状态的改变，活动的发生具有一定的前提条件，其执行结果又对世界产生一定的影响，这也就是我们常用的活动描述方式[22]。

此时的规划就是从系统的活动集合中选择活动序列，将系统从初始状态转变到目标状态，过程如图 1-13 所示。

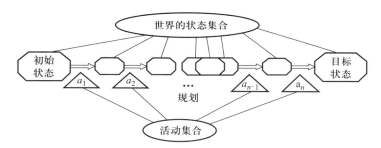

图 1-13　规划系统的规划过程

Fig.1-13　Planning procedure of the planning system

规划的目的是获得一组给定的目标，这些目标常常依命题演算形式被描述成肯定或否定的文字（literal），可能活动使用 STRIPS 算子来描述[23]。

一个 STRIPS 算子由三部分构成：

（1）集合 PC，称为算子的前提条件（preconditions）的基本文字，只有一个动作执行前的状态描述满足其 PC 集合中的文字，该动作才能被执行；

（2）集合 D，称为删除列表（delete list）的基本文字；

（3）集合 A，称为加入列表（add list）的基本文字。

为了生成动作后状态描述，我们从动作前状态描述中删除 D 中的所有文字，加

入 A 中的所有文字。在 D 中没有提到的所有文字延续至动作后状态描述中。该延续被叫作 STRIPS 假设,它是解决框架问题的一种方法。一个规划过程中的 STRIPS 活动描述的例子如下所示:

    (**switch_on**(? i – instrument ? s – satellite)

      precondition:(and(on_board ? i ? s)(power_avail ? s))

      effect:(and(power_on ? i)(not(calibrated ? i))(not(power_avail ? s)))

)

该描述方法存在下列缺陷:没有明确对时间建模,它不能说明活动的持续时间长度或每一个目标或活动的时间约束;没有提供资源消耗和需求的描述;没有能力对不确定性进行建模,初始状态和活动的结果必须是确定已知的;只有能够被说明的目标才是可以达到的目标。

为了解决传统规划问题,研究者设计了多种搜索技术,下面三种较为常用。

(1)前向状态空间搜索。前向状态空间搜索[24]是最直接的规划算法,规划器从包含初始条件的状态开始,选择一个前提满足此状态的操作,并且通过增加该操作的结果和删除与该结果相反的状态来构造一个新的状态。这样不断进行下去,直到一个状态满足所有的目标。这种方法存在的问题是:当对任意一个状态可用的操作很多时,将导致搜索状态空间的爆炸,尤其是对探测器操作来说,在给定的时刻有许多的仪器、开关、阀门可以动作,另外还有无数的探测器的参数。为了使前向状态空间搜索能够成功,必须提供很强的启发式信息来指导搜索。

(2)目标指向规划。目标指向规划[25]与上一种方法正好相反,是从目标反向搜索。其思想是选择一个操作使其可以完成目标集中的一个目标,并将该操作加入到最新的规划中,然后从目标集中删除该目标,取而代之的是子目标(该操作的前提),整个过程不断重复,直到剩下的子目标集是初始状态的一个子集。与前向状态空间搜索算法相比,该算法所搜索的分支减少,但搜索空间仍然很大,因而为了能够成功地进行规划,仍然需要很多的启发式信息来指导。

(3)图规划(graphplan)。图规划[26]采用了与前两种方法有很大不同的搜索方法,其基本思想是根据给定的问题描述构建一种规划图的形式,这样规划可以看作真值在规划图中的“流动”。图规划法的工作机制为两个阶段——图扩展与解的抽取交替执行。首先图扩展阶段产生一个规划图,在时间上的要求是满足规划存在的条件。接下来的解的抽取阶段对规划图实施一个向后的链式搜索,试图求得解决问题的规划方案。如果没有找到所需的解,我们进一步扩展规划图,循环执行两个阶段的工作,直到找到所需的规划解或无解返回。该方法的优点是算法简洁、优美,有极高的速度,而且图规划方法采用的表示法是规划问题与命题表示的 SAT(the satisfiability problem of conjunction normal form,合取范式可满足性问题,简称 SAT 问题)转化所使用的编码方法。

德国弗赖堡大学(University of Freiburg)的 IPP 规划系统、英国达勒姆(Durham)

规划小组的 STAN 规划系统、美国华盛顿大学的 SGP 规划系统都是采用图规划的思想设计的。

1.2.3　约束可满足规划

约束可满足规划方法的基本思想在于将约束处理技术引入规划领域,通过将规划问题编码为一个 CSP 问题,并建立合理的约束集,即可直接采用约束处理领域成熟的搜索、剪枝方法。

在规划器 CPlan 中,P. van Beek 与 X. Chen 提出了包含七条领域无关约束的约束集,分别包括描述活动关系的动作约束、描述变量的状态一致性的状态约束、对变量的状态转移进行定界的距离约束、限制规划树中对称分支的对称值约束、对产生相同结果的不同动作序列进行限制的动作选择约束、考虑资源量的容量约束以及对变量域值进行一致性限定的领域约束。由于 CPlan 中考虑的规划问题均是基于经典规划模型,所以 CPlan 中并未考虑到时间因素;同时 CPlan 中约束集中的约束对于不同的领域文件均需手动编写,为规划器处理不同的规划问题带来了困难。

P. Surynek 和 R. Bartak 对基于图规划的 CSP 问题进行了研究[27]。在该研究工作中,作者对图规划中的子目标进行了 CSP 编码,在约束弧一致的基础上对约束可满足中的支持对(supports)进行检查。通过对经典图规划理论的研究,针对图规划的特征结构——独立性(independence)、互斥动作(action mutex)、条件互斥(proposition mutex)、互斥传播(mutex propagation)等分别提出了对应的 CSP 约束。但是该方案缺少全局的约束引导 CSP 算法的搜索过程,同时并未提出领域相关的启发式思想,搜索效率并不高。

C. Pralet 和 G. Verfaillie 对基于增量时间规划(anytime planning)[28-31]的问题进行了研究。由于需要考虑时间因素,该方法采用了 CNT 框架以及 FC 算法流程[32-33]。研究中将约束分为静态约束和动态约束两类,用于处理可行解与灵活最优解两种不同的方案,证明了该架构的通用性——多种搜索思想(完备树算法[34]、贪婪算法等[35-36])都能够在该框架下有效地利用。

除此之外,研究人员对 CSP 规划方法中其他方面也进行了深入的研究。M. C. Cooper,M. de Roquemaurel 等对加权 CSP(weighted CSP,WCSP)[37]的最优解问题进行了研究[38]。R. Bartak 在图规划的基础上对并行活动之间的时间线进行了研究[39]。在此基础上,Nina、Majid 等开发了基于并行规划的 TCPP 规划器[40]。该规划器采用状态转移图(domain transition graphs,DTG)的结构,将规划问题转化为 DTG 并通过 CSP 技术进行求解,当获得可行解后在 DTG 对应的节点上提取规划动作序列。特别地,M. Judge 和 D. Long 设计了一种基于规划因果链的目标指向型启发式,用于指导 CSP 算法的搜索过程[41],然而当问题规模增大时,目标约束对全局的影响逐渐减小,该启发式的效率也逐渐降低。

1.2.4 等级任务网规划

等级任务网(HTN)规划[42-43]技术是应用比较广泛的一种规划技术,它与经典的规划最基本的不同是:HTN 规划是将高级的任务分解为原始级任务来解决问题,而经典的规划是通过收集可以到达目标的操作来实现规划的。在 HTN 规划中,目标常常被描述为完成一个高级任务,而不是简单的文字的合取。规划过程通过反复地将高级任务扩展成低级的任务来完成高级任务,一个扩展描述成一个转换规则,称之为方法(method),基本上,一个方法就是一个从一个任务到一些局部排序的任务网络的映射(如图 1-14 所示),其中也包括一组约束。

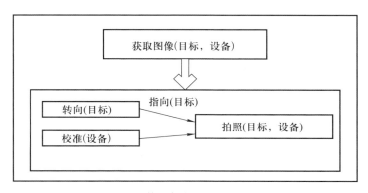

图 1-14 等级任务网规划方法示例

Fig.1-14 Method example of HTN planning

每一个扩展之后,HTN 规划查找网络中任务之间的冲突,这些冲突通过使用评价系统来解决,评价系统比较典型的是应用额外的顺序约束或联系或消除重叠的操作。当结果网络中包含的全是原始的任务和所有的约束已经满足之后,规划结束。该方法的优点是可以通过仔细的设计方法来很好地控制搜索过程,但也存在下面三个缺点:

(1)语义上,HTN 规划系统没有很好地定义分解方法和系统行为的语义,因而也很难评估它的一致性和完整性;

(2)工程上,对于某一应用,实际很难开发一组全面的方法,我们必须考虑所有的系统期望的不同种类的任务和完成这些任务的所有的有用的方法,方法必须覆盖所有的可能性;

(3)脆弱性,HTN 规划系统是非常脆弱的,因为它不能处理那些设计者没有想到的任务。

1.2.5 概率论规划

解决包含不确定性的规划问题,大多数是基于概率论来产生规划,其中一种主要方法是基于马尔可夫决策过程(Markov decision processes,MDPs)的规划[44]。

马尔可夫决策过程是决策论在离散马尔可夫过程基础上的扩展。马尔可夫是一个状态空间,在该状态空间中,状态之间的过渡有一定的概率。马尔可夫决策过程通过使用"值重复和策略重复"这一技术来求解,该技术为马尔可夫决策过程搜索最优的策略,选择正确决策的原则是由附加时间的公用函数(utility function)决定的。

应用马尔可夫决策过程来进行规划的最主要的困难仍然是状态空间的大小,例如探测器如果有 50 个阀门,每个阀门有开和关两个状态,那么仅仅对于阀门就有 2^{50} 个不同的可能状态,因此对该领域的研究往往集中在约束状态空间的大小上,除了状态空间问题外,MDPs 还有以下的约束:

(1)完全可观测性:MDPs 规划假设在执行了具有不确定结果的行为之后,系统可以观测到结果状态,实际中这是一个不可行的假设(传感器是有限的)。可用部分可观测马尔可夫决策过程(POMDPs)来解决这个问题。

(2)时间:描述中没有明确的时间模型。

(3)目标:在 MDPs 规划中表述目标达到问题是很困难的。

1.2.6　基于时间的规划技术

上述的规划算法大部分不能直接对相关的时间信息进行描述,而对于实际中的许多问题,规划中必须对时间信息进行处理[45],包括定性时间信息、定量时间信息、相对时间、绝对时间等。因此在传统规划的基础上提出了基于时间的规划技术。

基于时间的规划系统是在规划过程中包括一个简单的时间推理模块(执行调度过程),使用该方法的规划器称为基于时间的规划器(temporal planner),如 O-Plan[46-47]、IxTeT[48]、parcPlan[49]和基于时间的图规划[50-51]。时间规划器能够处理时间信息,并能对资源进行推理。它们通常通过显式表示方法或使用时间点网络(TPN)和时间约束网络(TCN)[52]的表示方法来管理时间信息。因此该规划方法能够管理定量和定性的时间信息。

基于时间的规划方法如图 1-15 所示。基于时间的规划器由一个传统的规划器加上一个执行时间推理的时间约束推理器组成。基于时间的规划器适时地从因果链

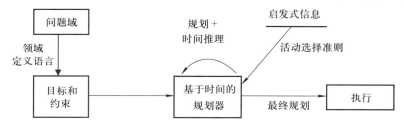

图 1-15　基于时间的规划方法

Fig.1-15　Temporal planning procedure

中实例化活动并根据它们对资源的使用情况和资源可用情况分配资源。启发式信息主要用于选择活动。时间推理器并没有对规划结果进行优化,因此得到的规划虽然可能是可执行规划,但不一定是优化的。

在近年研究中,F. Guerriero 采用时间约束的动作网络表示规划,并通过寻找关键路径对动作消耗时间进行处理[53]。由于对实际中带有明显时间约束的问题进行规划是比较复杂的,且经典时间规划中采取的"先规划,后调度"的思想会大大降低规划问题的求解效率,从而在经典控制理论的启发下,提出了基于时间线的规划技术,通过时间线的概念使规划和调度有机地结合[54]。MEXAR2 利用时间线对规划数据进行表示——通过时间线对航天器系统行为的时间演变进行描述、对航天器上的资源变化进行表示以及通过时间线对并行的动作进行建模和推理,对于系统约束具有更完善的表达能力[55],但对参量约束的概念并没有很好的表达。基于时间线的规划系统 EPSL[56] 和 J-TRE[57],在规划过程中完成时间与资源的分配调度,并通过时间线的形式表示规划的结果序列,更具有直观性、独立性和整体性。但并没有较好地描述外部状态的可控性及不确定性带来的影响。A. Umbrico 等在灵活时间线概念的基础上,设计了适用于时间线规划方法的启发式技术,在一定程度上提高了规划的效率,但在资源的分类建模方面略有不足[58]。M. C. Mayer 和 A. Orlandini 针对由于可能的外部环境影响以及执行过程中的不确定性提出了可控性的概念,进一步改进了基于时间线的规划技术[59]。

基于时间的规划方法虽然能够对时间信息进行描述和推理,但它有三个缺点:一是基于时间规划器中的时间推理是有限的,由于它没有特定的时间管理系统,因此对于规划、活动和共享资源之间存在复杂时间约束的系统,管理这些时间约束是很困难的;二是规划中很难执行规划结果的优化,因此最终的规划是可执行的但可能不是最优或最有效的;三是很难区分系统是在规划还是调度,这两个过程混合在一起,因此很难定义通用的启发式信息来提高系统的性能。

1.2.7 调度技术与规划技术

调度是在时间上把有限的资源分配给任务来优化一个或多个目标。从这个定义可以看出,调度问题的最核心问题是对时间和资源的推理,调度问题通常是优化问题,调度问题中也包括选择问题(如对于给定的活动选择使用哪个资源等)。一个常见的调度问题包括:

- 一个有限的任务集合,每个任务具有一定的时间区间;
- 一个有限的资源集合,每个资源具有一定的容量;
- 每个任务需要多少资源的说明(可能不是全部);
- 任务上的一组顺序约束。

求解调度问题有许多方法,通常是将它描述成约束满足问题(CSP),并用通用的约束满足技术来解决。常用的约束满足问题求解方法有两种:构造策略[60-61]和局部搜索策略[62]。

　　规划和调度是两个密不可分的过程。早期规划系统主要着眼于为达到目的而进行的活动选择,并不考虑共享资源、定量约束和优化准则等。调度是在规划结束后,对规划的结果进行顺序调整和资源分配,这种序列式的规划调度过程,存在很多问题,例如调度处理的活动都是规划系统确定的,它并不能改变规划结果,所以有时不能够达到调度的要求。而且当调度失败时它会重新要求规划系统给出新的规划活动序列,该过程很难使问题求解的效率提高。尤其是对于一些实际系统,其包括大量约束,这种序列式方法就不能进行有效的求解。因此许多学者提出将规划、调度两个过程集中在一起来解决问题[63-65]。对于包括时间、资源等大量约束的实际系统进行规划和调度时,我们称之为规划调度系统,有时也简称为规划系统。本文中所提到的"规划系统"统指规划调度系统。

1.3　基于多智能体的规划技术

　　对于实际的复杂系统,其中存在多个智能体,为每一个智能体产生合理的行为规划是一个非常困难的问题。近年来,面向智能体的问题求解方法越来越受到人们的关注,许多研究者考虑将多智能体求解的思想应用到多智能体系统的任务规划中。Georgeff 和 Pednault 等[66]利用传统的规划技术产生每个智能体的局部规划,然后将局部规划合成为多智能体系统的规划。在该方式下,智能体的合作很难实现。为了同步各个智能体的规划,Georgeff、Rosenschein 和 Stuart 等[67]在单个规划智能体规划中插入通信动作或通信基本要素来实现。Ephrati 和 Rosenschein[68]论证了将创建子规划的工作分在多个智能体上,可以减少规划合并算法的总体复杂性[69]。Briggs[70]提出了更加灵活的规则:智能体第一次尝试规划的时候使用最严格的规则,但是当找不到解的时候,智能体可以适当放宽规则的限制。在 SIPE 系统[71]中,解决规划中的相互影响和冲突是通过避免资源的多个实例来实现的。另外一种处理相互影响和冲突的策略是使用"问题分析"方法,它在抽象级规划时便识别和避免可能的冲突。但是这些方法都没有充分利用智能体的特性,因此为了提高规划的效率和能力,研究人员对基于多智能体的规划系统中的合作产生规划进行了研究。E. Devaid[72]等于1998 提出了基于规划单元(Plan Cell)的多智能体规划体系结构。在规划单元中,利用一些底层的网络和通信支持,通过一个规划服务器和规划单元管理器来分别实现多个智能体间知识的共享和任务的分解分配以及局部计划的融合,并且在规划中集成了调度算法和规划的执行过程。该结构成功地应用到美国空中战役规划系统中。智能体也可以利用抽象推理来保持自治,同时利用其他智能体的结果来提高规划的有效性和搜索效率。Cox 等[73]给规划添加条件相关性:如果一个智能体实现了另一个智能体的子目标,该智能体可以从该规划的一个更有效的分支执行;否则,规划就按照标准的动作过程执行。该方法优于一种单智能体方法,它使用简单条件时间网络(STN)的表示方法来跨子目标地合并冗余的动作或者子规划[74]。Weerdt[75]将所有的规划都建模成资源的消耗和生产过程。这种观点可以通过资源交换有效地实现规划合并。将规划合并应用于某出租汽车公司的规划数据后的实验结果支持了该方法的有效性。后来,大量处理实时不确定性的分散式规划算法用于处理大规模的问题(100 个智能体和超过 1 300 个任务)。其作为 DARPA 协调程序中的任务分析、环境建模和仿真程序[76-77]。这些问题的挑战包括部分可观测性、截止期限、不确定的持续时间、不确定的消息延迟时间和动态目标修正。最近,绝大多数的多智能体规划器(确定性的、合作的)都或多或少地依赖于启发式引导,除了使用特殊的规划范式。其中一个典型的启发式规划器是 Nissim 和 Brafman 的 MAD-A* 规划器[78]。MAD-A* 引入了一种针对多智能体 A* 搜索的方案,后来推广为多智能体最好优先搜索方案。在这种状态空间搜索方案中,每一个智能体只使用它们自己的动作搜索。但是只要公有动作被使用,结果状态就会被发送给所有其他的智能体,从而被添加到它们的开放列表中。在 MAD-A* 中,启发式评价只基于评价智能体知道的问题的一部分(投影问题)来计算,不涉及其他智能体的知识。

基于多智能体的规划技术是将多个智能体的自主问题求解能力通过通信和协作的方式结合在一起,构成了一个功能更加强大的问题求解系统。它充分利用了分布式系统的并行处理能力,提高了问题求解的效率和鲁棒性。其模块化的结构有利于我们将多种技术融为一体,如调度技术、时间推理技术、资源管理技术等,使规划系统能够处理包含各种约束的更加实际的规划问题。

多智能体环境中,多智能体间的动作是并行的,不由单一智能体控制;一个智能体可以通过通信和协商来试图改变其他智能体的动作[79],目前的大多数规划算法如 UCPOP、GraphPlan、SNLP 等均假设智能体自己是唯一可以改变其所处环境的[80],不能保证其规划结果不与其他智能体产生冲突,因此大多数单智能体的规划算法都不能直接使用。因此需要在规划系统中引入偏序约束,基于多智能体的规划是多个并发的智能体进程同时对各自的目标在其规划空间的搜索。根据协调不同智能体动作的需要,要在可能冲突的动作之间加入偏序约束。这些约束分布在不同的智能体中,所以必须对偏序约束的一致性问题进行判断。

探测器自主任务规划系统正是从多智能体系统特点考虑,希望能够将基于多智能体的规划技术应用到深空探测领域。

1.4　自主探测器及其任务规划系统

1.4.1　自主探测器的发展

探测器的控制操作技术的发展经历了遥控(直接控制)、半自主控制和自主控制三个阶段,自主控制是近些年才提出的一种新的控制方式。

　　自主探测具体应用是在 20 世纪 90 年代探测任务中提出的,但初期的自主性只是体现在某些子系统中。例如美国 1997 年发射的土星探测器卡西尼(Cassini)[81]具有一定的自主性,其星上计算机能够自主进行 12 个仪器包的控制、探测器的定向、热环境的控制、数据存储和通信。1996 年发射、2000 年与爱神号小行星交会的近地小行星交会任务[82]是美国"发现计划"中的第一次任务,它要求适当的星上自主来对故障情况做出反应和保护探测器的安全,例如星上计算太阳、地球、小行星以及探测器的位置使探测器能够自动地根据科学任务和下传数据的操作要求来调整探测器的姿态。虽然这些探测器不是完全的自主,但自主技术的应用可以一定程度上减少任务的操作费用,充分利用了上传下传带宽,提高了探测器的安全性。

　　真正的全局自主是在美国 NASA"新千年"计划中提出的,并在"深空 1 号"(Deep Space One)[83]飞行中得到了成功的验证。其中完成自主功能的探测器软件是称为远程智能体(Remote Agent)的软件系统(图 1-16)。它由规划调度模块、智能执行模块以及模式识别和故障诊断模块组成,可以不需地面干预而自主地根据情况产生规划,消除资源的约束和时间上的冲突,智能地执行规划,并对探测器的健康状况进行监测,在故障发生的时候进行识别、分离和恢复。该技术虽然只进行了一周的飞行验证,但它的应用大大减少了"深空 1 号"的操作费用,增加了其可靠性和交互性。

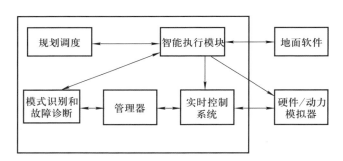

图 1-16　远程智能体软件系统示意图

Fig.1-16　Software system of Remote Agent

　　2004 年 3 月 2 日欧空局成功发射罗塞塔(Rosetta)探测器,它用 10 年时间飞抵一颗名叫丘里亚莫夫-格拉西缅科的彗星,成为人类首个近距离绕彗星运行、进而施放登陆器在彗星表面着陆的探测器(图 1-17)。该探测器和携带的着陆器均采用了自主技术,其中自主飞行软件使探测器在远离地球(通信延迟半个小时)时能够自主进行决策和控制探测器正确运行。

　　2016 年 3 月 14 日,欧空局和俄罗斯航天国家集团联合研制的 ExoMars 2016 火星探测器成功发射。为了解决其遥操作系统存在的实时控制问题,其开发了火星任务在轨规划器和调度器系统(MMOPS),用于实现行星探测器在轨自主运行和管理[84],其核

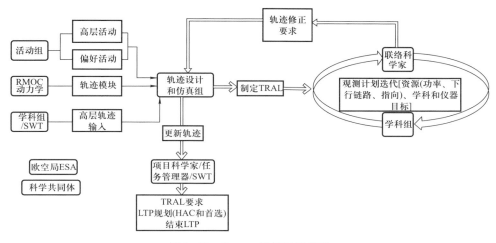

图 1-17 Rosetta 规划过程综述

Fig.1-17 Overview of the science planning process of Rosetta

心是一种高级的自主时间线管理原型系统。该系统利用猎兔犬-2 号任务主要星上单元(如在轨软件和任务控制系统等)进行地面仿真评价,为未来欧洲"曙光女神"计划中的其他任务提供技术储备。图 1-18 为 MMOPS 在轨系统结构示意图。

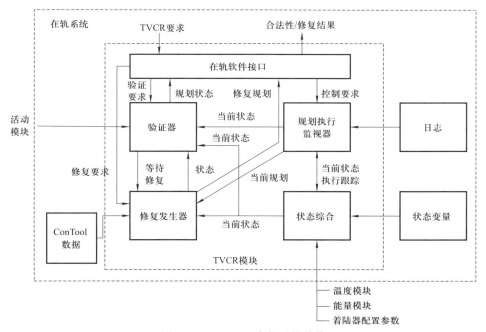

图 1-18 MMOPS 在轨系统结构

Fig.1-18 In-orbit system structure of MMOPS

可见自主技术是今后进行深空探测的一项不可缺少的技术。

1.4.2　航天器任务规划调度系统发展现状

探测器系统是一个包括时间和资源信息等多种约束的复杂系统,它既有规划问题的特点,又有调度问题的特点。例如,它包括调度问题中的时间约束、具有不同时间区间和资源的活动、优化问题等,还包括规划问题中的活动选择。所以传统的规划系统并不能完成该领域问题的求解,许多学者便将现代的规划调度技术应用到空间技术领域[85-87]。其中最突出的是美国国家宇航局,它在该方面投入了很多的人力和物力,同时也取得了丰厚的回报[88-89]。其早期开发的 SPIKE 规划调度软件系统用于哈勃天文望远镜的长期任务调度[90](图 1-19)。SPIKE 能够生成多达 5 000 个观测活动(每次观测至少 1 小时)的多年调度。Plan-ERS1 是一个类似的系统(图 1-20),它为欧空局进行观测规划,是基于 O-Plan 系统的等级分解规划系统,可以处理包括离散的、连续的、可消耗的和可更新能源等的一大批资源约束。

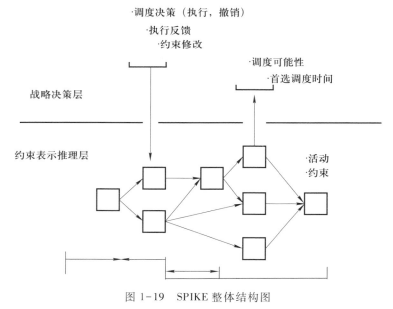

图 1-19　SPIKE 整体结构图

Fig.1-19　A diagram of the overall SPIKE architecture

远程智能体是 NASA“新千年”计划中“深空 1 号”所采用的自主系统模块[91],它所使用的是基于 HSTS 的规划调度模块[48]。HSTS 规划系统使用等级分解和重复修补方法[92]。它支持一大类资源和时间约束,因此它的描述十分丰富,但同时付出的代价是规划系统变得更复杂了。HSTS 将高级的状态变量描述为一条时间变化线,并用标志(token)来描述一条时间线上的一个具有一定时间区间的状态常量。算法便是放置这些标志,使其满足所有的资源和时间约束。HSTS 的另一个特点是它使用时

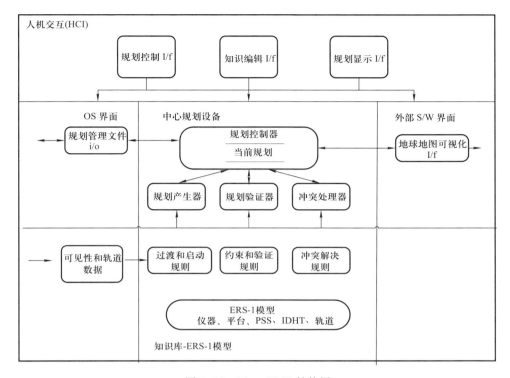

图 1-20 Plan-ERS1 结构图

Fig.1-20 The overall Plan-ERS1 architecture

间窗口表示标志的开始和结束的时间点。这在创建和执行调度时都给系统带来了很大的灵活性[93]。

ASPEN 自主规划调度已用于许多的 NASA 应用中,包括图像分析规划、深空网调度、EO-1 任务[94]规划等。与 HSTS 一样,ASPEN 使用了重复修补的方法[95]。但是 ASPEN 并没有采用等级任务网分解的方法,因为它所要处理的问题不容易分解成独立的子问题。ASPEN 设计的思想是将领域知识的描述与搜索控制知识分离开来。

欧空局采用基于时间线的规划和约束满足技术,在 MEXAR2 的基础上,开发出了 APSI(advanced planning and scheduling initiative)平台[96](图 1-21)。APSI 旨在构建一个任务独立的软件试验平台,并基于规划与调度相结合的概念,设计与之对应的一种算法。

APSI 的核心为时间线表示框架(TRF),将规划领域模型描述为并行的时间线集合,在规划过程中对时间线间同步性约束的进行推理和传播,不断完善规划空间,获取规划问题的可行解。目前,APSI 框架已经应用到了航天领域,如火星快车任务中的“MrSPOCK”[97]。但是,APSI 的局限性在于它的设计目的是解决复杂度较高的问题,缺少对于一般问题的普适性。

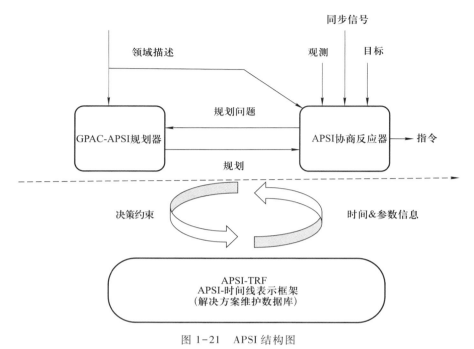

图 1-21　APSI 结构图

Fig.1-21　The overall APSI architecture

　　在传统的规划系统中,主要采用批处理形式的方法来进行规划。该方法在进行规划时,将时间分成多个具有一定长度的区间,当时间接近当前区间结束的时候,规划器预测当前规划执行结束时系统的状态,并将该状态作为下一规划的初始状态,同时调用新的目标产生下一时间区间的规划,如图 1-22(a)所示。美国"深空 1 号"的规划系统就是采用这种规划方式[98]。该规划方法存在以下几个缺点:① 规划是一个典型的离线过程,因此调用规划器和规划产生之间存在很大的时间延迟,如果出现意外情况,如规划失败等,产生新规划来进行响应的时间将会很长;② 它不能把握有利的积极事件,例如活动比较早地执行完或出现科学家感兴趣的现象等;③ 批处理的方式需要很多时间,在当前规划结束前很长一段时间便开始进行下一段时间的规划,从而造成了对下一段规划的初始状态预测不准确的情况。

　　为了解决批处理形式规划系统存在的缺点、提高系统的响应特性,采用连续规划方式。批处理规划方式具有初始状态和目标,而连续方式的规划具有当前的目标集、规划、当前的状态和预期将来状态的模型。在规划时间区间有很小的增量时(与批处理规划形式中的规划时间区间相比),根据系统信息进行当前状态、当前目标集的增量($\triangle$ State, $\triangle$ Goal)更新从而调用规划程序更新规划。该方式在图 1-22(b)中进行了说明[99-100]。连续活动调度规划执行和再规划系统(CASPER)正是这样一个连续规划系统,它能够在环境变化或目标变化后非常快地进行重新规划。为了进行该

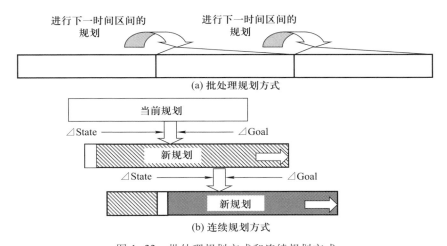

图 1-22 批处理规划方式和连续规划方式

Fig.1-22 Batch planning method and continue planning method

类工作,CASPER 将与执行系统更加紧密地结合在一起(图 1-23)。

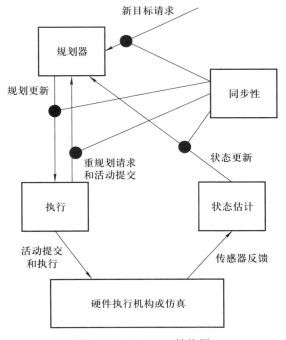

图 1-23 CASPER 结构图

Fig.1-23 The overall CASPER architecture

　　从对国内外相关文献的分析可以看到,对于深空探测领域中的任务规划系统,采用传统的规划系统设计与实现方法显然是不可行的。我们需要将规划系统和调度系统合为一体来对探测器任务进行自主规划。NASA 的科研人员已经在这方面进行了初步的研究工作,包括启发式规划、基于约束的区间规划、连续规划等。这些方法很好地解决了时间与资源的描述和处理问题,但有时规划速度不十分理想,这对于实时性要求比较高的探测器系统是一个潜在的问题。因此对深空探测任务规划技术进行深入研究,寻找合理的规划知识表示模型、建立先进的规划算法,以减少规划求解问题时的搜索空间,提高问题求解的效率,是目前深空探测领域一直研究和追求的目标。

参 考 文 献

[1]　吴伟仁, 于登云. 深空探测发展与未来关键技术[J]. 深空探测学报, 2014, 1(1):5-17.

[2]　叶培建, 彭兢. 深空探测与我国深空探测展望[J]. 中国工程科学, 2006, 8(10):13-18.

[3]　栾恩杰. 探索浩瀚宇宙 建设航天强国——纪念中国深空探测 12 周年[J]. 深空探测学报, 2016, 3(4):295-306.

[4]　叶培建, 黄江川, 张廷新, 等. 嫦娥二号卫星技术成就与中国深空探测展望[J]. 中国科学：技术科学, 2013(5):467-477.

[5]　STROUPE A W, SINGH S, SIMMONS R, et al. Technology for autonomous space systems[J]. The Robotics Institute Carnegie Mellon University, Pittsburgh, Pennsylvania, 2002, 15213: 76.

[6]　SMITH D E, FRANK J, JÓNSSON A K. Bridging the gap between planning and scheduling[J]. The Knowledge Engineering Review, 2000, 15(1): 47-83.

[7]　MOSE SORENSEN E, FERRI P. Technology driver-the Rosetta mission[C]. New Technologies, New Standards (Ref. No. 1998/519), IEE 5th CCSDS Workshop. IET, 1998.

[8]　MUIRHEAD B K. Deep impact, the mission[C]. Aerospace Conference Proceedings. IEEE, 2002: 1.

[9]　OMAN H. Deep space travel energy sources[J]. IEEE aerospace and electronic systems magazine, 2003, 18(2): 28-35.

[10]　NOVARA M. The BepiColombo ESA cornerstone mission to Mercury[J]. Acta Astronautica, 2002, 51(1):387-395.

[11]　吴伟仁, 刘旺旺, 唐玉华, 等. 深空探测几项关键技术及发展趋势[J]. 国际太空, 2013 (12): 45-51.

[12]　崔平远, 徐瑞, 朱圣英, 等. 深空探测器自主技术发展现状与趋势[J]. 航空学报, 2014, 35 (1):13-28.

[13]　NILSSON N J. Artificial intelligence: a new synthesis[M]. Morgan Kaufmann Publishers Inc, 1998.

[14]　AYLETT R S, PETLEY G J, CHUNG P W H, et al. AI planning: solutions for real world problems [J]. Knowledge-Based Systems, 2000, 13(2): 61-69.

[15] CHIEN S, SMITH B, RABIDEAU G, et al. Automated planning and scheduling for goal-based autonomous spacecraft[J]. IEEE Intelligent Systems & Their Applications, 1998, 13(5): 50−55.

[16] NAYAK P, KURIEN J, DORAIS G, et al. Validating the DS−1 Remote Agent Experiment[J]. Proc of Isairas, 1999, 440(440): 349.

[17] GUPTA N, NAU D S. Complexity results for blocks-world planning[C]. National Conference on Artificial Intelligence. AAAI Press, 1991: 629−633.

[18] GUPTA N, NAU D S. On the complexity of blocks-world planning[J]. Artificial Intelligence, 1991, 56(2−3): 223−254.

[19] BYLANDER T. Complexity results for planning[C]. International Joint Conference on Artificial Intelligence. AI Access Foundation, 1991: 274−279.

[20] NEBEL B. On the computational complexity of temporal projection, planning, and plan validation [M]. Elsevier Science Publishers Ltd, 1994.

[21] SELMAN B. Near-optimal plans, tractability, and reactivity [J]. Principles of Knowledge Representation & Reasoning, 1994: 521−529.

[22] WILKINS D E, MYERS K L. A common knowledge representation for plan generation and reactive execution[J]. Journal of Logic & Computation, 1995, 5(6): 731−761.

[23] RUSSELL S J, NORVIG P N. Artificial intelligence: a modern approach[J]. Applied Mechanics & Materials, 1995, 263(5): 2829−2833.

[24] BONET B, GEFFNER H. Planning as heuristic search: new results[C]. European Conference on Planning: Recent Advances in AI Planning. Springer-Verlag, 1999: 360−372.

[25] ROSENBLITT D, ROSENBLITT D. Systematic nonlinear planning[C]. National Conference on Artificial Intelligence. AAAI Press, 1991: 634−639.

[26] BLUM A L, FURST M L. Fast planning through planning graph analysis [J]. Artificial intelligence, 1997, 90(1): 281−300.

[27] SURYNEK P, BARTÁK R. Maintaining Arc-Consistency over Mutex Relations in Planning Graphs during Search[C]. FLAIRS Conference. 2007: 134−139.

[28] RICHTER S, WESTPHAL M. The LAMA planner: Guiding cost-based anytime planning with landmarks[J]. Journal of Artificial Intelligence Research, 2010, 39: 127−177.

[29] LIKHACHEV M, FERGUSON D, GORDON G, et al. Anytime search in dynamic graphs[J]. Artificial Intelligence, 2008, 172(14): 1613−1643.

[30] DAMIANI S, VERFAILLIE G, CHARMEAU M C. A continuous anytime planning module for an autonomous earth watching satellite[C]//ICAPS. 2005, 5: 19−28.

[31] KARAMAN S, WALTER M R, PEREZ A, et al. Anytime motion planning using the RRT[C]. International Conference on Robotics and Automation. IEEE, 2011: 1478−1483.

[32] YOON S, FERN A, GIVAN R. Learning control knowledge for forward search planning[J]. Journal of Machine Learning Research, 2008, 9: 683−718.

[33] HOFFMANN J, BRAFMAN R I. Conformant planning via heuristic forward search: A new approach[J]. Artificial Intelligence, 2006, 170(6−7): 507−541.

[34] DAKIN R J. A tree-search algorithm for mixed integer programming problems[J]. The Computer

Journal,1965,8(3): 250-255.

[35] CHICKERING D M. Optimal structure identification with greedy search[J]. Journal of Machine Learning Research,2002,3: 507-554.

[36] GENG X,CHEN Z,YANG W,et al. Solving the traveling salesman problem based on an adaptive simulated annealing algorithm with greedy search[J]. Applied Soft Computing, 2011, 11 (4): 3680-3689.

[37] LARROSA J,SCHIEX T. Solving weighted CSP by maintaining arc consistency[J]. Artificial Intelligence,2004,159(1-2): 1-26.

[38] COOPER M C,de ROQUEMAUREL M,REGNIER P. A weighted CSP approach to cost-optimal planning[J]. AI Communications,2011,24(1): 1-29.

[39] BARTÁK R. A Novel Constraint Model for Parallel Planning[C]. Twenty-fourth International Florida Artificial Intelligence Research Society Conference. DBLP,2013.

[40] GHOOSHCHI N G, NAMAZI M, NEWTON M A H, et al. Transition constraints for parallel planning[C]. Twenty-Ninth AAAI Conference on Artificial Intelligence. AAAI Press, 2015: 3268-3274.

[41] JUDGE M,LONG D. Heuristically guided constraint satisfaction for planning[C]//Proceedings of the 29th Workshop of the UK Planning and Scheduling Special Interest Group. 2011.

[42] WILKINS D E. Can AI planners solve practical problems? [J]. Computational Intelligence, 1990,6(4): 232-246.

[43] EROL K,HENDLER J,NAU D S. HTN planning: complexity and expressivity[C]// Twelfth National Conference on Artificial Intelligence . AAAI,1994: 1123-1128.

[44] BLYTHE J. Decision-theoretic planning[J]. AI Magazine,1999,20(2): 37.

[45] MUSCETTOLA N,MORRIS P,PELL B,et al. Issues in temporal reasoning for autonomous control systems[C]//Proceedings of the second international conference on Autonomous agents. ACM, 1998: 362-368.

[46] TATE A,DALTON J,LEVINE J. O-Plan: A web-based AI planning agent[C]// Seventeenth National Conference on Artificial Intelligence and Twelfth Conference on Innovative Applications of Artificial Intelligence. AAAI,2000:1131-1132.

[47] TATE A,DRABBLE B,KIRBY R. O-Plan2: an Open Architecture for Command,Planning and Control[J]. Intelligent Scheduling,1992:213-239.

[48] LABORIE P,GHALLAB M. IxTeT: an integrated approach for plan generation and scheduling [C]// Proceedings of 1995 INRIA/IEEE Symposium on Emerging Technologies and Factory Automation. IEEE,1995:485-495.

[49] LEVER J M,RICHARDS B. ParcPlan: a planning architecture with parallel actions,resources and constraints[C]. International Symposium on Methodologies for Intelligent Systems. Springer-Verlag,1994:213-222.

[50] DO M B,KAMBHAMPATI S. Planning graph-based heuristics for cost-sensitive temporal planning [J]. AIPS,2002:3-12.

[51] SMITH D E,WELD D S. Temporal Planning with Mutual Exclusion Reasoning[C]// Sixteenth

International Joint Conference on Artificial Intelligence. Morgan Kaufmann Publishers Inc,1999: 326-337.

[52] DECHTER R,MEIRI I,PEARL J. Temporal constraint networks[J]. Artificial Intelligence,1991, 49(1-3): 61-95.

[53] GUERRIERO F,TALARICO L. A solution approach to find the critical path in a time-constrained activity network[J]. Computers & Operations Research,2010,37(9):1557-1569.

[54] MUSCETTOLA N. HSTS: integrating planning and scheduling[J]. Mark Fox & Monte Zweben Intelligent Scheduling,1993,15(5):2001.

[55] CESTA A, CORTELLESSA G, FRATINI S, et al. An innovative product for space mission planning: an a posteriori evaluation[C]// Seventeenth International Conference on Automated Planning and Scheduling. DBLP,2008:57-64.

[56] CESTA A,ORLANDINI A,UMBRICO A. Toward a general purpose software environment for timeline-based planning[C]// The Rcra International Workshop on Experimental Evaluation of Algorithms for Solving Problems with Combinatorial Explosion. 2013.

[57] BENEDICTIS R D,CESTA A. Timeline planning in the J-TRE environment[J]. Communications in Computer & Information Science,2012,358:218-233.

[58] UMBRICO A,ORLANDINI A,MAYER M C. Enriching a temporal planner with resources and a hierarchy-based heuristic[C]// Congress of the Italian Association for Artificial Intelligence. Springer,2015: 410-423.

[59] MAYER M C,ORLANDINI A. An executable semantics of flexible plans in terms of timed game automata[C]// 22nd International Symposium on Temporal Representation and Reasoning. IEEE,2015: 160-169.

[60] DO M B,KAMBHAMPATI S. Planning as constraint satisfaction: Solving the planning graph by compiling it into CSP[J]. Artificial Intelligence,2001,132(2): 151-182.

[61] BACCHUS F, RUN P V. Dynamic variable ordering in CSPs [C]// Proceedings of First International Conference on Principles and Practice of Constraint Programming. DBLP,1995: 258-275.

[62] MINTON S,JOHNSTON M D,PHILIPS A B,et al. Minimizing conflicts: a heuristic repair method for constraint satisfaction and scheduling problems[J]. Artificial Intelligence,1992,58(1-3): 161-205.

[63] WELD D S. Recent advances in AI planning[J]. AI Magazine,1999,20(2): 93.

[64] BOUTILIER C, BRAFMAN R I. Partial-order planning with concurrent interacting actions[J]. Journal of Artificial Intelligence Research, 2001, 14: 105-136.

[65] DEAN T. Planning and scheduling[J]. Intelligenza Artificiale,1997,3(7):637-645.

[66] PEDNAULT E P D. Formulating multiagent, dynamic-world problems in the classical planning framework[J]. Reasoning About Actions & Plans. 1987: 47-82.

[67] EPHRATI E,ROSENSCHEIN J S. Divide and conquer in multi-agent planning[C]// Twelfth National Conference on Artificial Intelligence. AAAI,1994:375-380.

[68] EPHRATI E,ROSENSCHEIN J S. Multi-agent planning as the process of merging distributed sub-

plans[C]// 1993:115-129.

[69]　EPHRATI E, ROSENSCHEIN J S. Divide and conquer in multi-agent planning[C]// Twelfth National Conference on Artificial Intelligence. AAAI, 1994:375-380.

[70]　BRIGGS W S, COOK D J. Modularity and communication in multiagent planning[D]. Arlington: University of Texas, 1996.

[71]　AGOSTA J M, WILKINS D E. Using SIPE-2 to plan emergency response to marine oil spills[J]. IEEE Expert-intelligent Systems & Their Applications, 1996, 11(6): 6-8.

[72]　WILKINS D E, MYERS K L. A Multiagent Planning Architecture[C]//AIPS. 1998: 154-162.

[73]　COX J S, DURFEE E H. Discovering and exploiting synergy between hierarchical planning agents [C]//Proceedings of the Second International Joint Conference on Autonomous Agents and Multiagent Systems. ACM, 2003: 281-288.

[74]　TSAMARDINOS I, POLLACK M E, HORTY J F. Merging plans with quantitative temporal constraints, temporally extended actions, and conditional branches[C]//AIPS. 2000: 264-272.

[75]　de WEERDT M M. Plan merging in multi-agent systems [D]. Delft: Delft Technical University, 2003.

[76]　MAHESWARAN R T, SZEKELY P, BECKER M, et al. Predictability & criticality metrics for coordination in complex environments[C]// Proceedings of the 7th International Joint Conference on Autonomous Agents and Multiagent Systems-Volume 2. International Foundation for Autonomous Agents and Multiagent Systems, 2008: 647-654.

[77]　MUSLINER D J, DURFEE E H, WU J, et al. Coordinated Plan Management Using Multiagent MDPs[C]//AAAI Spring Symposium: Distributed Plan and Schedule Management. 2006: 73-80.

[78]　NISSIM R, BRAFMAN R I. Multi-agent A * for parallel and distributed systems [C]// Proceedings of the 11th International Conference on Autonomous Agents and Multiagent Systems-Volume 3. International Foundation for Autonomous Agents and Multiagent Systems, 2012: 1265-1266.

[79]　陈洪波, 刘群. 支持混合知识表示的面向对象黑板模型[J]. 哈尔滨工程大学学报, 1998, 19 (1): 47-54.

[80]　PENBERTHY J S, WELD D S. UCPOP: a sound, complete, partial order planner for ADL[C]// International Conference on Principles of Knowledge Representation and Reasoning. Morgan Kaufmann Publishers Inc, 1992:103-114.

[81]　SARREL M A. Cassini science operations and planning computer design[J]. Proceedings of SPIE-The International Society for Optical Engineering, 1996:222-233.

[82]　LEE S C, SANTO A G. Reducing mission operations costs through spacecraft autonomy: the near earth asteroid rendezvous (near) experience[J]. Journal of Reducing Space Mission Cost, 1998, 1 (1):87-104.

[83]　PELL B, BERNARD D E, CHIEN S A, et al. An autonomous spacecraft agent prototype[J]. Autonomous Robots, 1998, 5(1):29-52.

[84]　WOODS M J, BALDWIN L, WILSON G, et al. MMOPS: assessing the impact of on-board

autonomy for planetary exploration missions [C]// International Conference on Space Operations. 2006.

[85] RAJAN K,SHIRLEY M,TAYLOR W,et al. Ground tools for autonomy in the 21st century[C]// Aerospace Conference Proceedings. IEEE,2000,7: 649-659.

[86] ALAMI R, CHATILA R, FLEURY S, et al. An architecture for autonomy[J]. The International Journal of Robotics Research, 1998, 17(4): 315-337.

[87] BORNSCHLEGL E,GUETTIER C,PONCET J C. Automatic planning for autonomous spacecrafts constellation[C]// Proceedings of 2nd NASA Workshop on Planning & Scheduling for Space,San Francisco USA. 2000.

[88] MUSCETTOLA N,NAYAK P P,PELL B,et al. Remote agent: to boldly go where no AI system has gone before[J]. Artificial Intelligence,1998,103(1-2): 5-47.

[89] PELL B,SAWYER S R,MUSCETTOLA N,et al. Mission operations with an autonomous agent [C]// Aerospace Conference. IEEE,1998,2: 289-313.

[90] JOHNSTON M D. SPIKE: AI scheduling for nasa's hubble space telescope [C]// Sixth Conference on Artificial Intelligence Applications. IEEE,1990: 184-190.

[91] BERNARD D E,DORAIS G A,FRY C,et al. Design of the remote agent experiment for spacecraft autonomy[C]// Aerospace Conference. IEEE,1998,2: 259-281.

[92] WELD D S. An introduction to least commitment planning[J]. AI Magazine, 1994, 15 (4): 27-61.

[93] PELL A B,BERNARD D E,CHIEN S,et al. A remote agent prototype for spacecraft autonomy [J]. Proceedings of SPIE-The International Society for Optical Engineering,1996,2810:74-90.

[94] CHIEN S,RABIDEAU G,KNIGHT R,et al. ASPEN-Automating space mission operations using automated planning and scheduling[C]// SpaceOps. 2000.

[95] CHIEN S A,KNIGHT R,STECHERT A,et al. Using iterative repair to improve the responsiveness of planning and scheduling[C]// International Conference on Artificial Intelligence Planning Systems. AAAI,2000:300-307.

[96] CESTA A,CORTELLESSA G,FRATINI S,et al. Developing an end-to-end planning application from a timeline representation framework [C]// Conference on Innovative Applications of Artificial Intelligence. DBLP,2009: 66-71.

[97] CESTA A,CORTELLESSA G,FRATINI S,et al. MrSPOCK-Steps in developing an end-to-end space application[J]. Computational Intelligence,2011,27(1): 83-102.

[98] KNIGHT R, RABIDEAU G, CHIEN S, et al. Casper: space exploration through continuous planning[J]. Intelligent Systems IEEE,2001,16(5):70-75.

[99] CHIEN S,KNIGHT R,STECHERT A,et al. Integrated planning and execution for autonomous spacecraft[J]. IEEE Aerospace & Electronic Systems Magazine,1999,24(1):23-30.

[100] ESTLIN T,RABIDEAU G,MUTZ D,et al. Using Continuous Planning Techniques to Coordinate Multiple Rovers[C]// IJCAI Workshop on Scheduling & Planning. 2000:4-45.

第2章　深空探测器任务规划系统及规划知识模型

2.1　引　　言

  深空探测器是一个复杂的大系统,其中的许多设备和子系统都是并行执行的,因此在探测器的操作规划过程中必须考虑各个并行子系统之间活动的一致性、制约性,否则将会对系统安全运行产生影响,例如发动机点火时的振动违背了照相机稳定性的要求,因此在照相机进行拍照的时间段内,推进系统不能工作。航天器自主规划首先需要详细地描述探测器系统的各种相关知识,包括资源、时间、约束等。采用目前传统规划系统的 STRIPS 知识描述方法、PDDL 知识描述方法显然不能满足需要。深空探测领域的特点使探测器任务规划中的知识表示变得复杂和困难,很难准确地表示深空领域的规划知识。

  对于这种困难,Allen 提出了一种基于时间区间的活动模型,将每个活动与一个时间区间相联系,用时间区间之间的关系来描述活动之间的关系,另外 Laborie 等[1]希望附加一定信息到命题中,对传统的 STRIPS 语言进行扩充来对系统知识进行描述。这些方法虽然能够对时间进行描述,但计算起来相当复杂。设计一种新的规划知识模型方法是实现探测器任务规划的必要的基础。这里借用多媒体系统中图形和声音能够同时播放的时间线(timeline)概念,采用状态时间线来作为知识表示方法,将每个子系统的状态变量描述成为一个时间线,该状态变量的一个状态或出现在该状态上的活动称为"广义活动",规划就是将这些广义活动在各自的时间线上进行排列,使其满足时间、资源和飞行安全规则的限制。

  本章首先给出了深空探测器任务规划问题的描述和定义、深空探测器任务规划系统的结构和规划系统的动态系统模型;然后介绍了常用的规划领域建模语言PDDL,分析了传统方法描述深空探测任务规划知识存在的问题,针对探测器领域的特点,以状态和状态时间线的规划知识表示方法为基础,将活动的时间信息、资源信息以及活动之间的约束等信息进行形式化描述,建立了一个适合探测器领域的规划知识模型,并在此基础上采用 XML 为描述方法,提出一种基于 XML 的探测器规划知识表示方法。

2.2　深空探测器任务规划问题描述

  对于深空探测器,工程技术人员希望探测器在遥远的深空中能够自主运行,即在探测器上软件的控制下,根据探测器自身的状态、周围的环境和地面任务要求,形成完成任务的规划序列,并分发给探测器的各个子系统来执行,检测探测器每个子系统的状态、故障情况,在发生故障时能够进行修复。探测器规划的产生是由任务规划系统来实现的。在传统的测控方式中,需要大量探测器设计工程师、有效载荷设计工程师与探测器的用户合作,根据用户需求和探测器的各种约束条件,制定出合理的飞行计划,这个过程需要消耗大量的人力和物力。因此,改进这种传统的飞行计划制定方式,提高探测器自主化水平,是非常有必要的。自主任务规划技术在探测器中的应用,有助于更有效地利用探测器有效载荷,减轻对地面测控站的要求,提高完成深空探测任务的机会。

2.2.1 规划问题

规划作为人工智能的一个研究领域已有 40 多年的历史。它主要关心的是智能系统通过搜索和计算算法,综合出执行后便可以达到期望目标的活动序列(规划)。规划技术包括:活动和世界模型的描述、活动影响的推理、有效搜索可能规划空间技术等。规划技术已经应用到许多任务自动化领域中,包括机器人控制、过程规划、信息收集、交通规划、分子遗传学中的试验规划和探测器任务排序中[2-4]。

规划问题由于其自身的特点,至少包括三个部分:初始状态、目标状态和动作。初始状态和目标状态分别是规划问题的起点和终点,动作是可能由初始状态到达目标状态的一系列可以执行的动作。初始状态和目标状态属于状态的描述,一般用一阶逻辑或命题逻辑来表示。动作(也称操作)主要包括三部分:动作名称、动作前件和动作后件。有时还需要考虑花费情况即考虑动作的开销(cost)或占用资源的情况等。根据 Qiang Yang 等[5]的观点,可以给出一般规划问题的定义如下。

定义 2-1 一个规划问题可以描述为一个三元组:$<I, G, O>$。其中,I 是初始状态文字的集合,即初始世界状态;G 是目标状态文字的集合,即目标状态;O 是规划操作(动作)的集合,或称之为领域模型。

定义 2-2 如果 $\varphi = <I, G, O>$ 是一个规划问题,则活动序列 Π 是规划问题 φ 的一个解,其中:

➢ 规划系统的状态变化序列为 $\{s_1, \cdots, s_n\}$;

➢ 每两个相邻状态 (s_{i-1}, s_i) 之间对应一个活动 Δ_i,该活动的前提包含于 s_{i-1},结果包含于 s_i;

➢ O 是规划系统可选择的活动集合,每一个活动 $\Delta_i \in O, i = 1, 2, 3, \cdots, N$,其中 N 是可选择活动集合的元素个数;

➢ I 与 s_1 相一致,G 与 s_n 相一致;

➢ Π 是规划结果,是一个有序活动序列,其元素均来自于 O。

一般地,对于"经典的规划"(classical planning)大多做以下的假设:

(1)规划是动作的序列;

（2）动作的执行前件是确定的；

（3）动作的执行后件（效果）是确定的。

例如地图着色问题、积木世界问题等都是经典的规划问题。但是对于现实世界的规划问题，实际问题往往并不能满足上述条件，因此许多研究者正在研究放宽此假定，研究在环境动态变化情况下的规划问题。不满足此假定的规划问题称之为"非经典的规划"（nonclassical planning），深空探测器任务规划系统正是这样一类问题。

2.2.2　深空探测器系统组成及功能

由于所要完成的任务和飞行条件的不一样，深空探测器的尺寸和质量有很大的区别，因此其结构布局也各式各样。虽然深空探测器的外表差异很大，但是为了完成探测器的飞行控制和科学探测任务，其组成却有很多共同点。通常将深空探测组成分为下面几个子系统。

（1）探测器总体管理控制系统——该系统保证探测器上的各个子系统按照地面要求的时间序列进行工作，并使其满足探测器各个子系统和各种仪器的工作条件要求。如果探测器具有自主能力，其还具有自主任务规划、任务智能执行、故障诊断和恢复等功能。

（2）有效载荷系统——直接实现规定深空探测器所要解决的仪器或工具。

（3）姿态控制系统——该系统用于建立飞行器所需的姿态，它对于完成一系列的科学考察、保证太阳电池阵的正常工作、建立飞行器的制动或轨道修正时的姿态、保证对地通信等都是十分必要的。

（4）电源系统——该系统的功能是为深空探测器的各种仪器和装置供应电能，保证各种仪器的正常工作。

（5）热控系统——该系统的功能是通过合理的热设计和热控使探测器上的所有仪器设备处于其要求的正常工作温度环境。

（6）推进系统——该系统的功能是实现深空探测器质心运动，改变其运动速度，从而为探测器提供变轨和轨道修正所需动力，并进行深空机动和制动控制。

（7）测控通信系统——该系统的任务是完成星地之间的信息传输，其中包括探测器状态参数的遥测、探测器存储转发通信、探测器遥感数据下传、遥控指令数据、软件重注、数据通信等。

（8）导航系统——该系统的功能是在深空探测器飞行过程中通过一些手段（拍摄行星或小行星的图像）来确定探测器的位置和姿态。

为了能有效执行对深空目标的科学探测，深空探测器在飞行过程中需要完成一系列的飞行任务和探测任务，如轨道机动、对日定向、对目标拍照、对地通信等。作为一个有机的整体，探测器各个子系统之间以及各个任务之间存在大量的资源、时间、飞行规则、优先级等约束关系，所以必须在飞行过程中协调上述子系统，消除系统间的各种冲突，形成合理的可执行规划序列。本书旨在通过软件技术来对探测器的任务进行知识建模和自主规划,实现深空探测器的自主运行。

2.2.3 深空探测器任务规划问题及规划目标

深空探测器是由多个子系统组成的复杂系统。探测器通常由姿态控制、轨道控制、导航系统、有效载荷、星务管理、热控和数传等分系统组成。姿态控制分系统进行姿态捕获,控制探测器姿态;轨道控制分系统通过在特定时刻打开轨控发动机来改变探测器的轨道或进行轨道维持;导航系统通过拍摄的星图等手段测量探测器的位置,进行轨道计算;有效载荷分系统是获取图像数据的分系统,其有效载荷特性决定了深空探测器任务的种类,探测器上也可能有多个有效载荷,具有多种成像手段;星务管理分系统负责整星任务管理;热控分系统测量探测器各监控点的温度,并按需求进行温度调节;数传分系统负责数据管理和传输。

而且,探测器是一个整体,各个分系统必须相互协同,才能有效地完成任务。例如有效载荷分系统工作时会对姿态指向提出一定要求,同时需占用一定的探测器资源,这需要探测器任务规划系统综合考虑。

探测器飞行过程中进行的任务规划可以简单地理解为确定飞行任务目标并根据飞行任务目标制定控制探测器运行的指令序列。对深空探测器来说,一旦入轨飞行,所有探测器上的活动都必须在计算速度、存储器空间、电源等资源环境固定的条件下进行,而且不可能对系统进行资源扩充。在该资源一定的情况下,探测器的任务规划就可以归结为典型的资源受限的规划与调度问题。下面所涉及的探测器任务规划与调度的概念和算法就是在此基础上进行论述的。探测器任务规划问题是动态的,它的动态特性是由飞行任务目标的可变性、状态信息的不完整性、干扰不可预见等造成的。

根据深空探测领域的特点,深空探测器任务规划问题可采用规划空间规划的方法,其形式化定义如下。

定义 2-3 深空探测器任务规划问题 Φ 用一个五元组描述

$$\Phi = <P,A,C,I,G> \qquad (2-1)$$

式中,$P = \{a_1,a_2,\cdots,a_n\}$ 是系统当前的规划,其包括一系列有序活动集合,其中 $a_j \in A$;初始规划为 P_0,大部分情况下是空规划;最终规划是 P_f,即满足各种约束并可以达到目标的活动序列。I 是规划问题的初始状态;A 是活动集合,在活动的定义中包括了活动的前提条件和后置条件;C 是规划问题中的约束条件;G 是规划问题的目标。

给定这样一个规划问题,下一步任务就是根据目标要求和系统初始状态,找到规划问题的解,即找到一组有序活动使其满足所有约束,并且在执行以后能够达到所要求的目标状态。

定义 2-4 规划问题 $\Phi = <P,A,C,I,G>$ 的解是一个 n 元组 $P^s = \{T_1^s, T_2^s, \cdots, T_n^s\}$,其中 $T_i^s = \{a_{i1}^s, \cdots, a_{im_i}^s\}$,且满足:

(1) $a_{ij}^s \in A (i = 1,\cdots,n; j = 1,\cdots,m_i)$;

（2）$\forall i, j, a_{ij}^S$ 都满足 C 中所有的约束；

（3）活动的执行最终结果状态集合包含目标集 G。

规划问题所有可行解的集合定义为 $\varGamma_P$。

本文讨论的探测器任务规划问题的目标是：在不违反多种约束的条件下，使得到规划的总执行时间最短。为简化建模问题，设计活动均应遵守以下假设：

（1）活动是不可分离的，即一项活动一旦开始，就必须一直进行到完成，中途不许中断；

（2）允许活动因资源冲突而等待；

（3）在某活动的进行过程中系统所获得的资源是恒定的，活动所需的资源也是恒定的。

假设设计过程包括 n 个设计活动 $a_i(a_i \in A)$。系统可获得 m 种资源，每种资源的数量已给定。增加两个虚拟节点 a_0 和 a_{n+1}，其所有参数均为零，则此探测器任务规划问题目标可用以下数学模型表示：

$$\min t_{f, n+1} \tag{2-2}$$

满足：

$$t_{f, n+1} \geqslant t_{f, i} \quad (\forall i \in A) \tag{2-3}$$

$$t_{f, j} - t_{f, i} \geqslant c_{ij} + t_{d, j} \quad ((i, j) \in H) \tag{2-4}$$

$$\forall c_{ij} \in C \tag{2-5}$$

$$\sum r_{ik}(t) \leqslant R_k(t) \quad (t = t_{f, i}; i \in A; k = 1, \cdots, m) \tag{2-6}$$

式中，$t_{d, i}$ 为活动 a_i 的进行时间；$t_{f, i}$ 为活动 a_i 的完成时间；H 为具有先后次序的活动对的集合（$i<j$），即规划结果；$r_{ik}(t)$ 为活动 a_i 在 t 时刻对资源 k 的需求量；$R_k(t)$ 为 t 时刻系统可获得的资源 k 的总数量。式（2-2）是规划问题的目标函数；式（2-3）说明活动 a_{n+1} 是设计过程中最后结束的活动；式（2-4）表示活动间的信息依赖关系和时序关系；式（2-5）表明满足所有活动之间的时间区间约束；式（2-6）表明活动间的资源约束关系。

2.2.4　规划系统动态模型

对于一个规划系统可以用下面方式进行形式化描述。将所要规划出的活动序列执行的环境看作是一个动态系统，系统瞬时描述称为系统的状态。S 是一个有限状态集合，A 表示一个有限的可执行活动集合。状态由状态变量组成的向量描述，每一个状态变量表示可随时间变化的系统某些方面特性。这样动态系统可以表示为确定的、非确定的或随机的有限状态机。在确定的有限状态机的情况下，动态系统由一个状态转移函数 f 来定义，f 接收一个状态 $s_t \in S$ 和一个活动 $a_t \in A$，返回下一个状态 $f(s_t, a_t) = s_{t+1} \in S$。

如果有 N 个状态变量，每一个变量可以取 2 个以上的值，则有多达 $2N$ 个状态和 N 维的状态转移函数，通常假定 t 时刻每个状态变量只依赖于 $t-1$ 时刻很少一部分状态变量(最多 M 个)。在该假设条件下,状态转移函数 f 可以因式分解为 N 个函数,每一个的维数至多为 M,因此状态转移函数可以表示为公式(2-7)的形式。

$$f(s,a) = \langle g_1(s,a), g_2(s,a), \cdots, g_N(s,a) \rangle \qquad (2-7)$$

式中,$g_i(s,a)$ 代表第 i 个状态变量。

大多数情况下,规划在某一时刻构建,然后再执行。状态转移函数将动态系统状态变化建模为由规划执行器执行的一系列活动。同样也希望能够了解规划执行器获得的信息。规划执行器可以观测动态系统的状态,或部分状态信息或当前时刻的状态信息。假定有一组可能观测 O,且 t 时刻提供给规划执行器的信息是由当前状态和输出函数 $h: S \to O$ 确定的,因此 $h(s_t) = o_t$。同时假定规划执行器有一个时钟并且能够确定当前的时间 t,则一个动态系统可以由图 2-1 来表示。

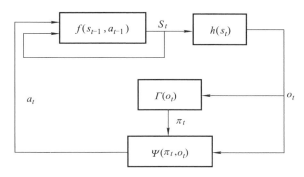

图 2-1　规划系统动态模型框图
Fig.2-1　Diagram of dynamic model for planning system

图 2-1 中,规划器 $\varGamma$ 的输入为当前观测值 o_t,输出是当前的规划 π_t,规划器不必在每一个状态转移时产生一个新规划,如需要,它可以保持以前的历史观测;规划执行器 $\varPsi$ 的输入是当前观测值 o_t 和当前的规划 π_t,输出是当前的活动 a_t。

基于状态和活动的规划系统可以用 STRIPS 语言进行描述,并应用于一些游戏系统中,如积木世界规划等。但对于探测器这样复杂的实际系统,该方法还存在很多缺陷,例如它不能表示活动的时间信息、活动执行所用的资源等。因此,设计和实现一种适合探测器规划领域的知识模型是非常必要的。

2.2.5　深空探测器任务规划中的关键问题

对于典型的规划问题,在求解过程中一般使用"目的-手段"分析法(means-ends analysis),逐步比较并且设法缩小当前状态与目标状态之间的差别,最后达到目标状态;或者使用简化问题目标的方法,把目标不断分解成较为容易解决的子目标,逐步搜索、确定出操作序列。但是对于实际的规划问题,上述方法在求解能力上都存在一定的缺陷(如在处理时间信息、资源约束等方面),因此对于像深空探测这样的实际系统,规划求解还需要解决下述四个关键问题。

（1）规划知识表示问题。关于规划问题在知识表达上必须寻求表达能力更强大的知识表示方式,设计更加全面反映现实问题的描述语言;目前规划描述语言对有些问题不能全面描述,甚至有些问题根本无法描述,所以要想解决此类现实问题必须重新设计新的问题描述语言。目前解决现实问题大多都是针对某一特定的问题设计合适的描述系统。知识描述系统要尽量达到三个目标:① 提高领域知识的利用率;② 缩小问题空间;③ 减少规划空间。

（2）时间信息处理问题。传统的规划方法都将规划过程中的时间信息进行了简化假设,采用离散时间模型,并认为活动执行不需要时间(瞬时完成);但实际的规划系统中时间是连续的,并且每个活动执行都需要一定的时间,因此在实际的规划系统中必须考虑时间及时间约束的处理方法。

（3）快速有效地搜索问题。搜索,即发现、确定能够到达目标状态的操作序列的过程。当各种可能序列的数目极大(而且其中大多数都不能达到目标状态)时,搜索过程中的计算量可能随着操作数呈指数级增长,称为"组合爆炸"问题。因此,在规划过程中,常常采用各种启发式信息来限制搜索的工作量。

（4）子目标冲突问题。当存在若干合取子目标时,即规划问题要满足一个以上的条件时,由于各个子目标的完成次序并没有指定,而且常常某个子目标的实现可能会破坏另一个子目标的实现,如何确定、解决该类冲突有时是解决规划问题的关键。

知识表示是一般问题求解方法的共同问题。时间信息处理问题在规划过程中有其自身的特点,时间信息、时间约束动态变化,造成了规划过程中计算量的增加。搜索问题虽然也存在,但在规划过程中,它与"冲突"消解(conflict conquer)问题密切相关。多个子目标的解决次序、规划过程中变量的绑定(分配)如果过早确定,可能造成规划的失败,因此不得不回溯到原来的某个选择点,导致搜索工作量的大幅度增加。

2.2.6 深空探测器任务规划系统结构

对于用传统方法管理的系统,规划和调度是两个截然不同的阶段,规划主要着眼于系统选择什么样的活动才能达到要求的目标,而调度主要是分配给各个活动执行的时间和资源以便在执行过程中达到某个指标的最优。但对于实际的系统,规划和调度是很难严格进行区分的,因此本文以后所提到的规划系统是包括规划和调度两类问题的系统。

深空探测器任务规划系统的结构如图 2-2 所示。系统的输入是探测器的初始状态和要进行规划的任务目标,输出是一个满足各种约束的活动序列。该结构中最核心的部分是搜索引擎,它采用有效的搜索方法在探测器领域知识空间中搜索可以达到目标的各个活动,并通过约束管理机制使其满足时间约束和资源约束。规划进行的基础是规划系统中建立的知识和模型,本章的 2.3 节将详细给出深空探测器规划系统知识模型描述方法。

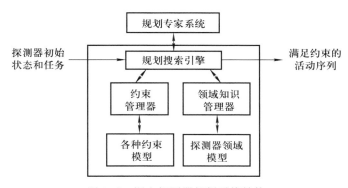

图 2-2　深空探测器规划系统结构

Fig.2-2　Architecture of planning system for deep space probe

规划系统可接受的目标有四种类型:① 规划目标,例如"在当前规划结束后照相机必须是关闭状态";② 调度目标,例如根据预定义的深空网可见时与地面进行通信;③ 周期目标,例如导航系统的目标表述为"每两天进行两个小时的小行星拍照";④ 默认目标,当不进行规划其他目标时,探测器必须满足的一种状态或条件,例如为了能够处理可能的紧急情况,探测器的高增益天线应该总指向地球。另外探测器上的其他系统在运行过程中也会产生新的目标。其他子系统产生的目标和地面上发送的目标在规划系统中进行同样的处理。

初始状态是规划系统进行规划时各个子系统的状态(各个状态变量的取值)。初始状态必须与探测器开始执行规划时的状态一致。但实际规划中常常需要很长的时间,因此探测器的规划的初始状态是对未来探测器状态的一个预测。正常情况下初始状态是由执行系统根据当前的规划推算得到的,因为新的规划总是在当前规划执行之后才开始的。预测状态也就是当前规划执行之后的结束状态。

对于深空探测器系统,要求规划系统对所有的子系统都进行考虑和实现是不现实的,而且探测器的许多软件模块已经非常成熟,可以很有效地对子系统建模,完成任务的要求。因此在规划系统中,我们将这些软件模块称之为规划专家系统(例如自主姿态控制系统、自主导航系统等)。在探测器任务规划过程中,规划系统必须与这些专家系统进行交互,包括专家系统向规划系统提出要求(规划目标)和专家系统向规划系统提供必要的信息。例如导航专家系统根据自身确定的探测器的位置向规划系统提出主发动机点火来修正轨道的要求,姿态控制系统向规划系统提供姿态转动所用的时间和消耗的能源等信息。

对于深空探测器规划系统,其产生某一给定时间区间(规划区间)内必须执行的详细规划过程简述如下:

- 接收来自执行系统的进行下一个规划区间规划的请求;

- 获得下一个规划区间内的任务目标;
- 对目标进行处理,分解成小任务或权衡目标的优先级;
- 收集来自规划专家系统的必要信息;
- 根据活动之间的时间约束和资源约束确定活动出现的时间;
- 产生规划并发送给执行系统。

2.3　基于 PDDL 的规划知识建模方法

2.3.1　PDDL 简介

　　一个问题只有在被形式化描述的前提下,才能被通用求解器求解。类似地,如果一个规划问题不能通过规划语言表示,则任何一个规划器都不能对其进行求解,所以规划语言是智能规划发展的关键。为了统一规划语言的表示方法,Drew McDermott 于 1998 年提出了 PDDL(planning domain definition language),即规划领域定义语言,并用于第一次规划大赛。PDDL 继承了 STRIPS 语言和 ADL 语言的特点并形成了自己的特色,随着规划大赛 IPC 的举办,其语义和语法逐渐得到完善,由 PDDL1.0 版本发展到最新的 PDDL3.1 版本,越来越贴近实际应用。PDDL 语言是一种命题式描述机制的领域描述语言,具有很强的模型表达能力,不仅给出了问题定义的语法,也从语义的角度给出了规划的定义,极大地推动了规划技术的发展。

　　在 PDDL 语言的众多版本中,PDDL2.1 应用最为广泛。PDDL2.1 是一种提供时序规划和度量规划描述的语言,增加了时序逻辑的内容和条件效果,用于描述动作的持续时间和时间流逝对动作的影响;引入了数值变量,并能够对这些数值变量进行测试和更新;并在此基础上增加了持续动作,扩展了经典规划中动作瞬间完成的假设。

2.3.2　PDDL2.1——STRIPS 框架

　　PDDL2.1 受 STRIPS 的启发,以动作为中心将动作表示为前提条件和效果的组合形式。在句法上类似于 Lisp 语言,PDDL 在括号内对规划问题进行形式化描述。而一个规划问题由两部分——领域文件和问题文件——构成,其存储文件格式后缀名均为".pddl"。具体来说,领域文件主要包含领域名称、研究对象、谓词和操作符四部分以及其他一些附属成分,如要求(requirements)和类型(types)等,如图 2-3 所示;问题文件则包含问题名称、初始条件、目标描述以及所有可能涉及的对象等关键因素,此外还必须明确指出该问题所对应的领域,具体如图 2-4 所示。

　　虽然采取了 STRIPS 的框架,但 PDDL 语言为了更加贴合实际进行了一些扩展,不仅可以描述动作的类型、动作参数的类型,还可以对条件效果以及数值变化等进行刻画,表达能力比 STRIPS 强。

```
(define  (domain  vehicle))
 ( : requirements  : strips   : typing)
 ( : types  vehicle location fuel - level)
 ( : predicates ( at  ?v - vehicle ?p - location))
                (fuel  ?v - vehicle ?f  -  fuel - level)
                (accessible  ?v - vehicle ?p1 ?p2 - location)
                (next  ?f1  ? f 2 - fuel-level))

 ( : action drive
    : parameters (?v - vehicle ?from ?to - location
                     ?fbefore  ?fafter - fuel - level)
    : precondition (and (at ?v ?from)

                        (accessible ?v ?from ?to)
                        (fuel ?v ?fbefore)
                        (next  ?fbefore  ?fafter))
   :effect (and (not (at ?v ?from ) )
                (at  ?v  ?to)
                (not  (fuel  ?v  ?fbefore))
                (fuel  ?v  ?fafter))
   )
 )
```

图 2-3 STRIPS 卫星领域描述

Fig.2-3 Illustration of satellite domain in STRIPS

```
(define  (problem vehicle -example))
 (:domain vehicle)
 (:objects
      truck  car - vehicle
      full half empty - fuel - level
      Paris Berlin Rome Madrid - location)
 ( : init
      (at truck Rome )
      (at car Paris )
      (fuel truck half )
      (fuel car  full)
      (next full half)
      (next half empty)
      (accessible  car  Paris Berlin)
      (accessible  car  Berlin  Rome)
      (accessible  car  Rome Madrid)
      (accessible  truck  Rome Paris)
      (accessible  truck  Rome Berlin)
      (accessible  truck  Berlin  Paris)
   )
 ( :goal (and (at  truck  Paris)
              (at  car  Rome) )
   )
 )
```

图 2-4 STRIPS 卫星问题描述

Fig.2-4 Description of STRIPS satellite problem

2.3.3　数值扩展

PDDL2.1 在原有版本的基础上引入了数值变量,并能够对这些数值变量进行即时的测试和更新。通常情况下,在建模时,PDDL 语言规定不允许将数值表达式作为谓词的参数或者动作参数的值出现在语言描述中,且数值表达式由表达式初值构成,其值通过算术运算进行变化、更新。如图 2-5 所示,卫星转向的燃料需求以及燃料消耗通过数值表达式被直观、清晰地表示出来。

```
(define (domain jug-pouring)
    ( : requirements : typing :fluents)
    ( : types jug)
    ( : functions
          (amount ?j - jug)
          (capacity ?j - jug))

  (: action pour
      :parameters (?jug1　?jug2 - jug)
      :precondition (>= (- (capacity ?jug2) (amount ?jug2)) (amount ?jug1))
      :effect (and (assign (amount　?jug1 ) 0)
                    (increase (amount ?jug2)　(amount　?jug1)))
)
```

图 2-5　卫星转向动作 PDDL 描述

Fig.2-5　Description for the turn-to action of satellite domain in PDDL

在 PDDL 语言中,数值表达式在几个不同表达式之间互相比较,其效果就是通过挑选赋值运算符对数值表达式的值进行更新。关于赋值命题的定义如下所示。

定义 2-5　赋值命题的数值效果由赋值操作符、左值和右值三部分组成。其中,操作符包括 assign、increase、decrease、scale-up 和 scale-down;左值即初始表达式;右值是一个算术表达式,包括数字和初始表达式。

2.3.4　PDDL2.1——持续性动作

经典规划中的动作都是瞬时发生的,并没有考虑到时间的因素。为了表示实际生活中出现的持续性动作,PDDL2.1 基于时间点的表示方法将其分成离散型持续动作和连续性持续动作两类分别进行描述。无论哪种类别,PDDL2.1 中描述的持续性动作都是在基本的持续动作结构上描述的,而该结构描述了该动作被执行后会引起的逻辑效果。

2.3.4.1　离散型持续动作

为了描述持续性动作的离散效果,PDDL2.1 将动作的持续性过程抽象为在一个时间段的两个端点分别进行的简单动作,且默认该时间段中间过程的不变量对动作的效果不产生任何影响,从而将其效果离散化,以此模拟该持续性动作的行为。具体内容可以参考定义 2-6 和定义 2-7。

定义 2-6(持续性基动作)　如果一个持续性动作的形参被实参替换,量词命题取值常数化,并且没有延时效果和条件效果,那么就称该动作是持续性基动作,记为 DA。一般来说,一个持续性动作 DA 可以看成是由 DA_{start}、DA_{end} 和 DA_{inv} 三个子动作构成的集合。其中,$DA_{start}(DA_{end})$ 的参数是?duration 的取值,前提条件是所有命题 p 的合取,效果是所有命题 e 的合取,例如(at start p)是 DA_{start} 前提,也是 DA 的一个条件,(at end e)是 DA_{end} 的效果,也是 DA 的一个效果;DA_{inv} 是一个没有参数的简单动作,前提条件是由"over all"构成的命题合取,效果为空。因此,DA 的任一条件组合可以用 DA_{start}、DA_{end} 或 DA_{inv} 表示,DA 的任一效果组合可由 DA_{start} 或 DA_{end} 表示,即一个离散型持续性动作可以由 DA_{start}、DA_{end} 或 DA_{inv} 准确描述。

定义 2-7(规划解)　一个带有持续性动作的规划问题 φ 的规划解 Π 是一个有限的持续动作集。该集合中的每个元素都是一个二元数组,具有以下两种形式:(t, a) 或者 $(t, a[t'])$。其中,t 是一个有理数值,表示时间;(t, a) 中的 a 是简单动作(实例化的操作)的名称;$(t, a[t'])$ 中的 a 是持续性动作的名称,t' 是一个非负有理数值,表示一段时间。

PDDL2.1 语言通过带有时间注释的前提和效果对离散型持续动作中的时态关系进行建模。因此,对于持续性动作,在用 PDDL2.1 对其进行建模时,必须在描述该动作前提和效果的同时加上时间标志。此外,PDDL2.1 描述持续性动作时必须加上"durative-action"关键词。

在动作的前提条件描述中,对于在时间区间开始点成立的命题,用 at start 描述;对于在时间区间结束点成立的命题,用 at end 描述;而对于在整个时间开区间都成立的命题即不变量,用 over all 描述。对于在时间闭区间内都成立的命题,比如命题 p,可以描述成(at start p)、(over all p)、(at end p)。在动作的效果描述中,若该动作的效果立即生效,即该动作从指定时间区间的起点开始发生,用 at start 描述;否则,若该动作的效果是有延迟的,即在指定时间区间的末端点开始发生,用 at end 描述。因此,在 PDDL2.1 语言中,离散型持续动作只会在一定时间区间内的起始点或者结束点发生。具体如图 2-6 所示,卫星执行转向动作的前提是转向之前需要指向?d_prev,执行过程中没有任何效果,执行结束后,卫星的姿态指向发生了变化,指向?d_new 而不再指向?d_prev。

2.3.4.2　连续型持续动作

离散型持续动作的效果是离散的,是将连续变化的量集中抽象在变化结束时间点表示。离散持续动作虽然能够精确描述持续动作在时间结束点的离散效果,但无法处理连续变化的量以及离散但发生变化的量,而这些量的数值一般会随时间以一定变化率增大或减小。此外,规划器在对实际问题进行规划的过程中,应该有能力随时处理这些连续变化的量。因此,为了应对这种问题,PDDL2.1 使用 #t 代表一个持续性动作开始执行时连续变化的时间,如定义 2-8 所示。对于连续变化的量,PDDL2.1 定义了连续变化函数 f_c,如定义 2-9 所示。该定义描述了如何将几个连续

```
(: durative-action load -truck
    :parameters (?t - truck)
                (?1 - location)
                (?o - cargo)
                (?c - crane)
    : duration  (= ?duration 5)
    : condition (and (at start (at ?t ?1))
                     (at start (at ?o ?1))
                     (at start (empty ?c))
                     (over all (at ?t ?l))
                     (at end (holding ?c ?o))
    : effect (and (at end (in ?o ?t))
                  (at start (holding ?c ?o))
                  (at start (not (at ?o ?l))
                  (at end (not (holding ?c ?o))))
)
```

图 2-6　离散型持续动作 PDDL2.1 描述——卫星转向

Fig.2-6　PDDL2.1 illustration of a discret durative action—turn-to in satellite

性持续动作的效果综合起来,创建一个单独的微分等式系统,并在给定合适的起始点的情况下,该系统的解可以显示连续变化量的演变过程。

定义 2-8　若效果表达式中包含了符号 #t,则该效果是**持续性效果**,而包含至少一个持续性效果的动作,就是**持续性动作**。

定义 2-9　令 $\mathscr{C}$ 是规划问题 φ 下的效果集,$S_t = (t, S, X)$ 是一个状态,则在状态 S_t 下由 $\mathscr{C}$ 定义的持续性更新函数 $f_c: \mathbf{R} \to \mathbf{R}^n$ 定义为 $\dfrac{df_c}{dt} = g$,并且 $f_c(0) = X$。其中,g 是更新函数,满足 $NP_a = \{ (<op>PQ) \mid (<op>P(^*\#tQ)) \in \mathscr{C} \}$。

例如,为了描述飞机燃料以一定速率消耗的现象,用 PDDL2.1 可以描述成 (decrease (fuel-level ?p) (*#t (consumption-rate ?p)))。这与离散型的表示,即 (at end (decrease (fuel-level ?p) (* (flight-time ?a ?b) (consumption-rate ?p)))),是完全不同的。后者只是在飞行动作结束时对燃油量进行更新,而前者则可以在飞行阶段的任意时刻对燃油消耗进行计算,因此,连续性效果在描述时无须再添加时间标记。关于连续性持续动作的 PDDL2.1 描述可以参考图 2-7。

```
(:durative-action fly
    :parameters (?p - airplane ?a ?b - airport)
    :duration (= ?duration (flight-time ?a ?b))
    :condition (and (at start (at ?p ?a))
                    (over all (inflight ?p))
                    (over all (>= (fuel-level ?p) 0)))
    :effect (and (at start (not (at ?p ?a)))
                 (at start (inflight ?p))
                 (at end (not (inflight ?p)))
                 (at end (at ?p ?b))
                 (decrease (fuel-level ?p) (* #t (fuel-consumption-rate ?p )))))
```

图 2-7　连续型持续动作 PDDL2.1 描述

Fig.2-7　PDDL2.1 illustration of continuous durative actions

2.4 基于状态时间线的探测器任务规划系统知识模型

2.4.1 深空探测器规划知识分析

探测器系统是一个复杂的大系统,它包括如姿态控制系统、导航系统、电源系统、推进系统等许多子系统,而且这些子系统的运行是相互耦合的。通过探测器上的智能软件系统,管理探测器分系统行为,使其协调完成深空探测任务。首先要解决的是各个系统所包含的知识详细描述和建模的问题。对于深空探测领域,其知识主要有下面几个特点:

(1) 各个子系统的活动可能并行执行,例如导航计算过程中,还可以进行科学观测等;

(2) 活动具有确定的时间先后关系,如推进系统进行推进以前必须进行一定时间的准备活动(如发动机启动之前必须进行加热);

(3) 活动都有一定的执行时间,并不是瞬时完成,而且执行时间根据具体情况可能有变化(如探测器转动所需的时间与探测器的初始姿态和终止姿态有关);

(4) 活动还需消耗一定的资源(如化学能、电能等),而且这些能源有的是一次性资源,有的是可再生资源,但都是有限的;

(5) 执行过程中有可能某些部件出现故障,执行出现错误;

很显然,深空探测领域的知识不符合传统规划系统的简化假设,因此传统的规划系统知识表示方式在深空探测领域中已经不再适用。

例如探测器的姿态转动用传统知识描述语言方式描述为:

Turn(?target):

    Preconditions:Pointing(?direction),?direction≠?target

    Effects:¬Pointing(?direction),Pointing(?target)

它能够描述探测器转动的参数、前提条件和转动产生的结果,但对于探测器转动所用的时间、所消耗的资源以及与其他活动之间的关系等都不能进行描述[6]。对于深空探测器的规划系统,仅采用谓词命题逻辑(如 STRIPS 语言)很难完成该领域相关知识的描述,因而设计一种新的能够对时间约束、资源约束、同步约束等信息进行详细的形式化描述的知识模型是必需的。

本节针对探测器领域的特点,引入面向对象知识表示方式,将活动的时间信息、资源信息以及活动之间的约束等信息进行描述,建立了一个适合探测器领域的规划知识模型,为后面章节中规划算法设计和基于多智能体的规划系统研究提供了基础。

状态作为系统的一个动态特性的体现,是复杂系统设计、操作和控制等各方面专家关注的核心。美国 JPL 实验室的 Daniel Dvorak 认为,状态是一个动态系统的核心,"是系统工程师要确定和详细描述的内容,是软件工程师设计的主要动因,是操作工程师监测和控制的对象"。状态可以被看作是动态系统的一个短暂的状况。系统的模型可以描述状态是如何变化的。状态和模型可以用于操作系统、预测系统将来的状态、控制系统到期望的状态。对于探测器来说,系统的状态主要包括操作模式、设备的健康状况、资源情况、姿态和轨道的运动、温度、压力等。

　　一个系统的所有状态能够提供该系统完整的动态描述,状态通过一个统一的方式来访问,即状态变量。状态的变化可以描述为状态时间线,它完整记录了系统的历史变化。状态时间线不仅能够描述过去的历史,也可以进行当前状态的估计、未来状态的预测和行为规划。因此系统的状态和模型为探测器任务的规划提供了一种统一的机制,本书就是以状态变量和状态时间线为主线来描述规划系统知识和设计规划系统结构、算法的。

　　根据探测器的系统状态变化特点,本章首先基于状态时间线,提出了一种面向对象的规划知识模型。该方法中将探测器每个子系统的状态变量变化情况描述为一条时间线,该状态变量的一个状态或出现在该状态上的活动统一采用广义活动来描述,规划就是将这些广义活动在各自的时间线上进行排列,使其满足时间、资源和飞行安全规则的约束。

　　本书就是在该思想的基础上,采用面向对象的方法对时间线和相关的活动、时间约束、资源约束等进行形式化描述。该规划知识模型不仅可以准确地描述状态和活动的所有时间和资源信息,同时还为规划算法提供了一定的灵活性。其中,状态时间线、广义活动、时间约束和资源约束是四个基本要素。下面对其进行详细定义和描述。

2.4.2　探测器规划知识模型 BNF 定义

　　要有效解决应用领域的问题和实现软件的智能化,常常需要考虑领域有关知识。也就是说,智能体要使用知识去解决问题之前,首先应以适当的方式表示知识。虽然知识在人脑中的表示、存储和使用机理仍然是一个尚未揭开的谜,但以形式化的方式来表示知识并供计算机作自动处理已经发展成为较为成熟的技术——知识表示技术[7]。为了提高系统求解问题的有效性,需要按照应用领域的特征和问题求解任务的要求设计知识表示方式,比较常见的一阶谓词逻辑、产生式系统、框架表示法、脚本表示法、语义网络等。

　　面向对象的知识建模方式是近年来出现的一种知识表示方法,它将面向对象的思想、方法用于智能系统的知识表示、知识库的组成与管理、专家系统的设计等方面[8-10]。面向对象方法是一种将多种单一的知识表示方法(规则、框架、过程等)按照面向对象的设计原则组成混合的知识表示形式。面向对象的方法具有封装性、模块性、继承性和易维护性等特点。

　　规划系统的知识模型是在状态知识描述的基础上,借助面向对象的表示方法,提供了活动、资源和约束的一种详细描述形式,增强了规划系统结构化知识的表达能力。规划知识模型的 BNF 定义如下：

<规划知识>::=|<事实集><活动集><资源集><约束集>|<目标集>|

<事实集>::=|<事实>|

<事实>::=<命题对象>|<谓词对象>

<目标集>::=|<事实>|

<活动集>::=|<活动对象>|

<活动对象>::=|<知识对象>|

<约束集>::=|<时间约束>|

<时间约束>::=|<活动对象><时间约束关系><活动对象><时间区间>|

<时间约束关系>::=BEFORE| AFTER| MEETS| METBY| STARTS| STARTEDBY| FINISHES|
　　　　　　　　 FINISHEDBY| EQUAL| DURING| CONTAINS| OVERLAPS| OVERLAPEDBY

<资源集>::=|<资源对象>| *

<资源对象>::=<知识对象>

<知识对象>::=<命题对象>|<谓词对象>|<过程对象>|! <知识对象>

2.4.3 基于时间区间的广义活动模型

规划系统的中心数据结构是广义活动(generalized activity, GA)。一个广义活动描述规划中的一个与时间有关的动作或保持一定时间的一个状态。由于这里将具有一定时间长度的活动和状态不加区分，所以我们称这样的一个描述为"广义活动"。规划系统中出现的所有活动和状态构成了广义活动库，它描述了所有状态时间线的所有可能取值情况。在广义活动中对状态和活动的相关详细信息进行了描述，其中包括每个"活动"的开始时间、结束时间、保持时间和执行"活动"时所需的资源等。

定义 2-10 一个广义活动形式化定义为一个六元组：

$$g = < Ga\_Name, \boldsymbol{x}_\mathrm{p}, t_\mathrm{st}, t_\mathrm{dur}, t_\mathrm{en}, R, L_t > \tag{2-8}$$

式中，Ga_Name 表示广义活动的名字；$\boldsymbol{x}_\mathrm{p}$ 表示该广义活动的一些参数向量；t_st、t_dur、t_en 分别代表该活动的起始时间、持续时间和结束时间，并满足 $0 \leqslant t_\mathrm{st} < t_\mathrm{en} \leqslant t_\mathrm{max}$，其中 t_max 是规划时间区间的最大值，$t_\mathrm{dur} = t_\mathrm{en} - t_\mathrm{st} > 0$；$R$ 表示该广义活动所需的资源，包括资源的类型和使用量；L_t 表示该广义活动所属的状态时间线。

定义 2-11 广义活动集可以定义为该状态所有的可能取值的集合，包括活动和状态，即 $G_\mathrm{S} = \{ g_1, g_2, \cdots, g_n \}$，$g_i$ 表示该状态变量一种可能取值。

广义活动集的另一个功能是描述和保持"活动"间的等级关系。一些"活动"可能把其他一些"活动"作为它的子活动，该功能可用于在不同抽象级别上的规划。

从上面广义活动的定义中可以看出它能够描述时间信息（包括活动的起始时间、保持时间、结束时间）、资源信息以及对这些信息的处理函数。对于每一个具体的活动，都是该活动类的一个派生类，规划过程中是将这些派生类的实例排列在各个状态时间线上。

2.4.4　状态时间线模型

在探测器领域中,整个系统分为一组子系统,每一个子系统具有一组相关属性,我们称每一个属性描述为一个状态变量,它的取值是该状态变量上可能出现的活动或状态(即前面所说的广义活动)组成的集合,状态变量在任何一个时间点上只能取一个值。我们将状态变量随时间变化的情况描述成为状态转移图的形式,即状态时间线(state timeline)。

定义 2-12　状态时间线表示系统一个状态在某段时间 $[h_s, h_e]$ 内按时间顺序的变化情况, $ST = \{g_1, g_2, \cdots, g_m\}$, m 是状态时间线上活动的个数, g_i 是状态变量可选广义活动的一个实例,即

$$g_i = < Ga\_Name_i, \boldsymbol{x}_{p,i}, t_{st,i}, t_{dur,i}, t_{en,i}, R_i, L_{t,i} > \qquad (2-9)$$

且满足 $h_s \leqslant t_{en,1} \leqslant t_{st,2} \leqslant \cdots \leqslant t_{en,m-1} \leqslant t_{st,m} \leqslant h_e$。

规划的过程就是在各个时间线上将相关的广义活动进行排列,使其能够满足各种约束条件。

图 2-8 给出了对 b 方向拍照过程中部分状态时间线的例子,图中的箭头是时间轴。该例子中出现了两个状态时间线:相机和探测器姿态。其间存在以下一些约束:在进行拍照之前和之后,相机都处于准备好的状态,而在拍照过程中要求探测器的姿态保持在方向 b 上,因而相应地在姿态时间线上存在一个保持姿态 b 一定时间的活动,为了到达 b 方向,探测器必须由原来的方向 a 转动到方向 b,完成拍照后又将姿态恢复到以前的状态。

图 2-8　拍照和姿态的状态时间线例子

Fig.2-8　Timelines example of photo-taking and attitude control

可以看出,这种规划描述方法能够直观地对整个系统的各个部分变化情况进行详细的描述,同时也可以方便地对各个广义活动之间的相互约束进行描述。该方法可以解决传统方法中对并行活动无法进行描述的问题,同时也为以后设计并行智能执行系统提供了便利。

2.4.5　约束关系模型

除了上面描述的各个活动的信息之外,我们还需要考虑各个活动之间存在的约束关系,这也正是使实际问题变得复杂的主要因素。

2.4.5.1　时间约束关系模型

由于活动间相互作用的存在,某些活动序列在规划过程中是不合理或不安全的。例如,对于具有一个发动机和一个照相机的探测器,由于发动机在点火推进时引起探测器本体震动,因此推进时照相机不能进行拍照,这样就引入一个约束:照相机拍照过程中,发动机必须关闭。考虑到每个活动都占有一定的时间区间,因此该类约束可以用时间区间约束方法描述为:照相机拍照活动的时间区间必须包括在发动机关闭活动的时间区间之内。

定义 2-13　时间约束集:对于每一个广义活动 g,都存在一个时间约束,该约束定义为 $C_g = \mathscr{R}_1 \vee \mathscr{R}_2 \vee \cdots \vee \mathscr{R}_n$,$\mathscr{R}_i = B_{i,1} \wedge B_{i,2} \wedge \cdots \wedge B_{i,j}$,$B_{i,j}$ 具有如下形式 $B_{i,j} = \exists g_j r_{i,j}$,其中 g_j 是另外一个广义活动,$r_{i,j}$ 是两个广义活动之间的时间约束关系。

一般情况下,$r_{i,j}$ 可以取任何合适的关系,这里主要取广义活动开始时间和结束时间的简单的时间约束关系,采用了 Allen 提出的基于时间区间的时间关系描述方法[11-12],用时间关系集合 TR 表示:

$$TR = \{eq, b, bi, m, mi, o, oi, d, di, s, si, f, fi\} \qquad (2-10)$$

用式(2-10)中13种关系来对广义活动之间的相互时间关系进行描述,称之为活动时间关系规则(3.2.1 节将对此进行详述)。这样描述约束的语义是:对于任何一个时间区间 T,该区间对应一个状态值(广义活动类)g,则对于每一个 $i \in \{1, 2, \cdots, k\}$ 必须存在一个时间区间 J_i,其对应一个状态值 g_i,并且区间对 (T, J_i) 满足时间约束 $r_{i,j}$。

例如时间关系“A overlaps B”,用 $t_{st,A}$、$t_{st,B}$ 分别代表活动 A、B 的开始时间,$t_{en,A}$、$t_{en,B}$ 分别代表活动 A、B 的结束时间,则该关系可以用不等式来表示:

$$t_{st,A} < t_{en,A}, \quad t_{st,B} < t_{en,B}, \quad t_{st,A} < t_{st,B} < t_{en,A}, \quad t_{en,A} < t_{en,B} \qquad (2-11)$$

活动时间关系规则库是深空探测领域中各个广义活动之间的相互作用关系总和。一个时间约束规则描述了一个广义活动与其他广义活动或该广义活动与规划基准线之间在时间上的关系,这些描述给广义活动库中的各个广义活动之间加入了顺序关系。规划算法中活动的选择也正是根据此类时间约束做出的。

2.4.5.2　资源和资源约束模型

资源是描述系统中的可用设备和能源。资源根据其三个主要特征进行分类:可供消耗的资源容量(单容量和多容量)、资源可同时提供服务的数量(单用户和多用户资源)、资源使用之后容量的变化情况(可再生资源和不可再生资源)。

另外资源还可以分为离散资源和连续资源。离散资源主要是容量为离散的资源,如系统中可以共享使用的物理设备(例如探测器上的科学仪器);而连续资源是资源容量可以连续变化的资源,也即我们通常所说的能源,例如探测器的推进燃料和存储器资源等。

资源的形式化定义如下:

定义 2-14　资源是指系统中可以使用的能源和物理设备,可用一个三元组来表示：$Rs = <Rn, Type, Cap>$。其中，Rn 是资源的名字，$Type$ 为资源的类型，Cap 为资源的容量。

为了进行深空探测器的任务规划，本文将资源分为三类资源：原子资源、可耗尽资源和不可耗尽资源。

原子资源是单容量离散资源，是一种最简单资源类型。如果一个活动需要一种该类资源，则在该活动的时间区间内不允许有使用相同资源的其他活动出现。例如对于深空探测器来说，科学仪器就是这样一种原子资源。拍照系统可以进行科学观测也可以为导航提供图像数据，但是任何时刻最多只有一个活动使用该资源，如图 2-9 所示。为了能够统一对资源进行描述，这里将原子资源的容量看为单位 1。

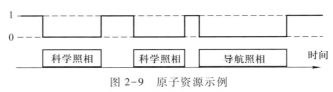

图 2-9　原子资源示例

Fig.2-9　Example of atomic resource

不可耗尽型资源可以同时被多个活动使用，而且不需要进行补充，每个活动可以使用不同量的资源，如电能和星上总线。可耗尽型资源与不可耗尽型资源非常相似，唯一区别的是可耗尽型资源在使用后容量减少。有些情况下该类型资源可以通过某些活动来补充（如电池能量、存储器容量等），有些能源却不能再补充（如探测器携带的燃料等）。图 2-10 给出了可耗尽型资源——探测器上的存储器容量随时间变化的情况。例如，星上存储器的总容量为 550 MB，随着科学实验的进行，拍摄的多张照片存储到存储器中，消耗了部分容量资源。当执行下传数据活动时，存储器中的所有数据将下传到地面，同时恢复了存储器容量。

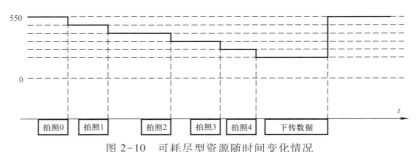

图 2-10　可耗尽型资源随时间变化情况

Fig.2-10　Change of depletable resource with time

该类资源在规划过程中必须满足约束：

$$\sum_{g_i \in P_c} \mathrm{use}(g_i, r_{re}) \leqslant \mathrm{avail}(r_{re}) \qquad (2-12)$$

式中，r_{re} 为可再生资源；P_c 为当前规划。

对于耗尽型资源来说，可以有多个活动同时使用同一资源，但各个活动的使用量的总和不能超过该种资源所能提供的总量，这就是资源约束。在探测器任务规划系统中加入了资源冲突检测机制，用资源变化时间线来跟踪各个资源的使用情况。在规划过程中我们必须实时监控资源消耗后的剩余量，该资源剩余量的初始值 $res(r) = avail(r)$，在新的广义活动加入后，资源的新剩余量为：

$$res'(r_{de}) = res(r_{de}) - \sum_{a_i \in P_{new}} use(g_i, r_{de}) \qquad (2-13)$$

式中，r_{de} 为耗尽型资源；P_{new} 为规划中新加入的广义活动。

2.5　基于 XML 的探测器规划知识表示

2.5.1　用 XML 表示探测器规划知识的优势分析

在规划领域中最早出现的领域描述语言是 STRIPS[13]，它使用的"活动-结果"表示方法是相当简单的，它将一个活动描述为该活动执行时的前提条件和后置条件。后来提出的 ADL 语言[14] 具有更丰富的表达能力和建模能力，ADL 语言可以使活动具有更加复杂的前提条件和效果。只要状态是有限的，ADL 语言描述常可以转化为一个 STRIPS 描述。规划领域描述语言 PDDL[15] 是一种标准的规划领域建模语言，包含了 ADL 和 STRIPS。PDDL 最初的目的主要是为规划竞赛的参赛者提供统一的问题描述基础，简化领域问题的编码，现在它已经不仅仅是为比赛所用，而是已经广泛被应用于规划技术研究领域之中，成为规划领域知识描述的一种重要方法。

以上常用的三种规划知识表示方法主要是针对传统规划领域来设计的。对于像探测器这样的实际规划系统，它们存在许多不能方便描述的信息，如与时间相关的信息、连续变化的资源信息等[16-17]。当然它们也在不断地发展和扩充，例如通过在原有内容中附加相应的信息来进行知识表示，但这些方法给处理带来了很大的麻烦。为了更好地表示规划领域的知识，为规划系统提供有效的搜索方法，本书在基于状态和状态时间线的规划知识模型的基础上提出了一种基于可扩展标识语言（extensible markup language，XML）的深空探测器任务规划知识表示方法。

XML 是 W3C 组织于 1998 年 2 月发布的标准[18]，其制定的初衷是定义一种 Internet 上数据表示和数据交换的新标准，为 Web 上的知识表示提供了统一的存储和交换的格式。XML 实际上是一种定义语言，它能把数据内容与数据表示分开。其标记说明了数据的含义，使用者可以自由定义标签，并且能够通过元素之间的嵌套包含来体现层次结构。该特性能够让 XML 适合在网络上不同计算环境（无论是不同的操作系统环境，还是不同的设备显示方式）中采用一致的信息表示方式。XML 不仅在网络数据的表示和处理中得到了广泛应用（如电子商务），而且近几年也在人工智能的知识表示方面得到了初步应用[19-20]，如 WebGIS 系统[21]、数字图书馆信息系统[22]等。

根据前面对深空探测领域规划知识特点的分析和建立的深空探测器规划系统知识模型，采用 XML 表示深空探测器规划系统的知识具有以下几方面的优势。

（1）面向对象的思想：基于状态时间线的规划知识是通过面向对象的思想建立的，而 XML 与面向对象的思想有很类似的地方，因此采用 XML 来描述规划知识原型可以方便地描述非常复杂的知识结构，从而使规划知识的表达能力增强。

（2）可扩展性：XML 是设计标记语言的元语言，所以建立在该表示方法基础上的系统必然具有良好的扩充能力。深空探测器系统在运行过程中，由于故障或其他的原因必然会造成系统的重构，从而使规划知识发生变化，XML 的可扩充能力可以很好地适应这一变化。

（3）强大的知识搜索能力：XML 是一种结构化的数据，它将每个知识点作为一个节点来描述，使搜索智能体能够很容易地理解这些数据的含义及它与已有知识的关系，因此大大增强了知识的搜索功能，这为探测器任务规划过程中的知识搜索、处理和推理提供了很好的机制。

（4）便于分布式知识处理：XML 继承以及标记使知识结构易于处理，有利于进行知识的组织和推理，便于不同系统间的数据交换，适用于分布式的智能系统，为我们后面设计的基于多智能体的探测器任务规划系统提供了很好的知识基础。

（5）严格的规范、清晰的语义：XML 的语法有着严格的规范——树型结构、格式良好、合法，从而使得 XML 文档具有稳定、可靠、通用等良好的性质。XML 文档通常包含一个文档类型定义（document type definition，DTD），它规定了 XML 文件的逻辑结构，定义了 XML 文件的元素、元素的属性以及元素与元素之间的关系等。这种严格的规范和清晰的语义为规划系统的知识表示的正确性提供了保证。

2.5.2　规划知识数据文档定义

在设计基于 XML 的规划知识表示方法的时候，首先需要对知识的数据文档进行定义，即 DTD。DTD 是一套描述标记的语法规则，它定义了在文档中可以存在哪些元素、哪些元素具有属性、元素的层次结构以及元素在整个文档中出现的顺序等。DTD 实际上就是 XML 文件的模板，相应的 XML 文件必须符合 DTD 中的定义。

上一节我们已经给出了基于状态时间线的深空探测器规划知识的形式化模型，目的是能够以一种结构化、数字化、灵活的方法将规划系统中的各种知识进行描述，为规划系统快速地查询知识、选择活动、满足约束、操作数据提供方便，从而使深空探测器在飞行过程中可以根据探测器的状态和任务进行规划，完成探测器的自主运行。

深空探测器规划知识系统的文档类型定义必须包含我们模型中已经设计的所有元素和语义，以保障接下来的基于 XML 的知识描述的完整性和正确性。根据规划系统知识模型的定义，深空探测器规划系统知识的文档结构如图 2-11 所示，主要包括三部分内容:广义活动数据、约束数据和资源数据。

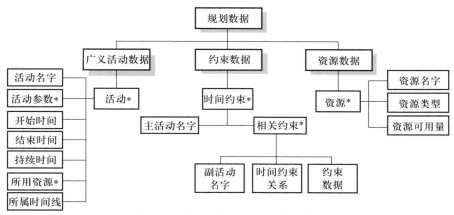

图 2-11 规划系统知识的文档结构图

Fig.2-11 Document structure of planning system knowledge

广义活动数据主要描述规划系统中可以使用的所有广义活动的定义,每个活动由名字和其相关的参数、与该活动相关的时间区间信息(开始时间、结束时间和持续时间)和该活动执行时所需的资源组成。其中一个广义活动可以有多个参数和消耗多种资源。规划数据库中广义活动数据的 DTD 定义如图 2-12 所示。

```
<?xml version="1.0" encoding="UTF-8"?>
<!ELEMENT ACT_DATA (ACTIVITIES*) >
<!ELEMENT ACTIVITIES (ACT_NAME, ACT_PARAM*, START, END, DURATION,
 RES_NEED*, TL_NAME)>
<!ELEMENT ACT_NAME (#PCDATA)>
<!ELEMENT ACT_PARAM (PARAM_NAME, PARAM_VALUE)>
<!ELEMENT PARAM_NAME (#PCDATA)>
<!ELEMENT PARAM_VALUE (#PCDATA)>
<!ELEMENT START (INTERVAL) >
<!ELEMENT END (INTERVAL) >
<!ELEMENT DURATION (INTERVAL) >
<!ELEMENT INTERVAL EMPTY>
<!ATTLISTINTERVAL STARTPOINT CDATA #REQUIRED
                  ENDPOINT CDATA #REQUIRED>
<!ELEMENT RES_NEED (RES_NAME, NEED_QUANTITY)>
<!ELEMENT NEED_QUANTITY (#PCDATA)>
<!ELEMENT TL_NAME (#PCDATA)>
```

图 2-12 广义活动数据的 DTD

Fig.2-12 DTD of generalized activity data

时间区间约束知识的 DTD 定义如图 2-13 所示。根据基于时间区间的活动模型,深空探测器中的许多约束都可以转化为时间区间之间的约束,因此这里主要考虑了活动之间的时间区间约束。对于任意一个广义活动,我们建立该活动与其他活动之间的一组时间区间约束。

```
<?xml version="1.0" encoding="UTF-8"?>
<!ELEMENT CONSTR_DATA (CONSTRAINTS* ) >
<!ELEMENT CONSTRAINTS (MAINACT_NAME, CONSTRAINT*) >
<!ELEMENT MAINACT_NAME (#PCDATA)>
<!ELEMENT CONSTRAINT (SEC_ACT_NAME, T_RELATION, T_INTERVAL*)>
<!ELEMENT SEC_ACT_NAME (#PCDATA)>
<!ELEMENT T_RELATION (BEFORE| AFTER| MEETS| METBY| STARTS| STARTEDBY|
FINISHES| FINISHEDBY| EQUAL| DURING| CONTAINS| OVERLAPS| OVERLAPEDBY)>
<!ELEMENT T_INTERVAL EMPTY >
<!ATTLIST T_INTERVAL STARTPOINT CDATA #REQUIRED
                     ENDPOINT CDATA  #REQUIRED)>
```

图 2-13　时间区间约束知识的 DTD

Fig.2-13　DTD of temporal interval constraint knowledge

探测器资源知识的 DTD 定义如图 2-14 所示,对于其中的每一个资源我们定义了资源的名字、资源的类型和资源的可用量,其中资源的类型可根据前文所述分为两类:原子资源和连续资源。

```
<?xml version="1.0" encoding="UTF-8"?>
<!ELEMENT RESOURCE_DATA (RESOURS*)>
<!ELEMENT RESOURS (RES_NAME, RES_AVAIL)>
<!ELEMENT RES_NAME (#PCDATA)>
<!ATTLIST RESOURS RES_TYPE (ATOM|CONTINUE) "ATOM">
<!ELEMENT RES_AVAIL (#PCDATA)>
```

图 2-14　资源知识的 DTD

Fig.2-14　DTD of resource knowledge

DTD 规定了 XML 文档的逻辑结构,定义了 XML 文档的元素、元素的属性以及元素与元素之间的关系。通过 DTD 文件可以检测 XML 文档的结构是否正确。有效的 XML 文档需要遵循某个特定的 DTD。基于 XML 的探测器任务规划知识库的逻辑关系在 XML 文档中表示出来应遵守如下原则:

(1) 不违反 XML 的文档规范;

（2）要完整、准确地表达知识间内在逻辑关系；

（3）要利于以后规划系统方便地使用 XML 文档；

（4）便于 XML 文档的维护。

2.5.3　基于 XML 的规划知识表示

基于 XML 的规划知识表示方法是将规划知识表示为一种文本格式,在许多方面类似于 HTML。XML 文件是由 XML 元素组成的,每个 XML 元素包括一个开始标记（<title>）、一个结束标记（</title>）以及两个标记之间的信息（称为内容）。XML 文档保存利用标记注释的文本。XML 允许无限的标记集,各个标记表示了元素的含义。例如,可以将 XML 元素标记规划系统中的活动、约束、资源等。标记是对文档存储格式和逻辑结构的描述。在形式上,标记有以下各种可能项:注释、引用、字符数据段、起始标记、结束标记、空元素等。

在完成深空探测器规划知识系统的文档类型定义之后,我们便可以根据文档中定义的数据元素和各个数据元素之间的关系构造基于 XML 的深空探测器规划系统的知识描述,创建相应的 XML 知识表示文档。

深空探测器任务规划系统的核心知识——广义活动可以用 XML 描述为图 2-15 所示的形式。其中广义活动的名字（<ACT_NAME>）是该活动在系统中的唯一标示,规划过程中活动的查找都根据该元素进行。<ACT_PARAM>是该活动的参数,一个活动可以有多个参数。<START>、<END>和<DURATION>描述的是该活动的时间信

```
<ACTIVITIES>
    <ACT_NAME>Cam_Takephoto</ACT_NAME>
    <ACT_PARAM>
        <PARAM_NAME>Direction</PARAM_NAME>
        <PARAM_VALUE>0.14, 0.25, 0.55</PARAM_VALUE>
    </ACT_PARAM>
    <START><INTERVAL STARTPOINT="0" ENDPOINT="0"/></START>
    <END><INTERVAL STARTPOINT="0" ENDPOINT="0"/></END>
    <DURATION><INTERVAL STARTPOINT="1" ENDPOINT="10"/></DURATION>
    <RES_NEED>
        <RES_NAME>Power</RES_NAME>
        <NEED_QUANTITY>10</NEED_QUANTITY>
    </RES_NEED>
    <TL_NAME>CAMERAACTIVE</TL_NAME>
</ACTIVITIES>
```

图 2-15　广义活动的 XML 知识描述

Fig.2-15　Knowledge description of generalized activity based on XML

息,其中 < START >、< END > 两个知识单元对应的值是在规划过程中确定的,< DURATION > 是该活动执行的时间,为了灵活,这里也描述为一个区间的形式,即该活动在给定的时间区间内执行完成都是合法的,有时该元素的取值还与其他因素有关,例如探测器姿态的转动活动所用时间与初始姿态和目标姿态有很大关系。< RES_NEED > 描述了该活动在执行过程中所需要的资源(如电能、燃料等),一个活动可能同时需要多种资源。< TL_NAME > 描述的是该活动所属的状态时间线。

　　规划系统中另外一类比较重要的数据就是广义活动之间的约束,这里主要考虑时间区间约束,采用 XML 的语法将其表示为图 2-16 的形式。

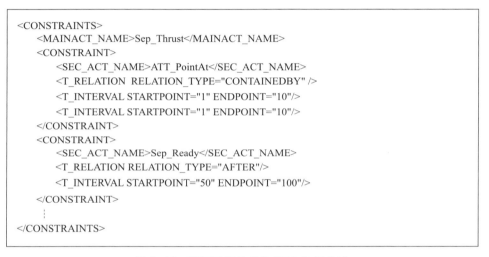

```
<CONSTRAINTS>
    <MAINACT_NAME>Sep_Thrust</MAINACT_NAME>
    <CONSTRAINT>
        <SEC_ACT_NAME>ATT_PointAt</SEC_ACT_NAME>
        <T_RELATION RELATION_TYPE="CONTAINEDBY" />
        <T_INTERVAL STARTPOINT="1" ENDPOINT="10"/>
        <T_INTERVAL STARTPOINT="1" ENDPOINT="10"/>
    </CONSTRAINT>
    <CONSTRAINT>
        <SEC_ACT_NAME>Sep_Ready</SEC_ACT_NAME>
        <T_RELATION RELATION_TYPE="AFTER"/>
        <T_INTERVAL STARTPOINT="50" ENDPOINT="100"/>
    </CONSTRAINT>
        ⋮
</CONSTRAINTS>
```

图 2-16　时间区间约束的 XML 知识描述

Fig.2-16　Knowledge description of temporal interval constraint based on XML

　　针对每一个广义活动(这里称为主广义活动 < MAINACT_NAME >),都存在一组与其他广义活动(< SEC_ACT_NAME >)之间的时间区间约束关系。约束主要描述了两个广义活动之间的关系(Allen 提出的 13 种时间区间关系),包括关系类型和相关的参数。图 2-16 中的例子说明了广义活动发动机推进(Sep_Thrust)的约束集合:推进过程中探测器的姿态必须保持在特定的方向,发动机推进之前 50~100 s 必须完成准备工作等。这些约束为深空探测器任务规划提供了必要的基础。

　　对于探测器系统来说,星上的资源都是非常有限的,所以在规划过程中必须考虑资源的使用情况,在我们的探测器规划知识描述中也对其进行了描述,主要是从资源的类型和可以提供的资源量方面来考虑,如图 2-17 所示。

　　资源的类型主要有两种:原子资源和连续资源。这两种资源最大的区别是在资源的可用量方面。原子资源的总可用量为 1,当有广义活动使用该资源时,在其执行时间区间内,其他活动就不能使用该资源。对于连续资源,其可用量是连续变化的,

```
<RESOURS RES_TYPE="ATOM">
    <RES_NAME>Power</RES_NAME>
    <RES_AVAIL>1800</RES_AVAIL>
</RESOURS>
```

图 2-17　资源的 XML 知识描述

Fig.2-17　Knowledge description of resource based on XML

而且可以有多个广义活动同时使用该资源,只要它们所用资源的和不超过该资源可以提供的量,如电能。而且连续资源的可用量随着任务的执行是动态变化的,例如探测器上携带的燃料,它的可用量会随任务的进行而不断减少。

2.5.4　基于 XML 的规划知识查询和操作机制

对一种规划知识描述语言而言,如果仅仅定义了它的数据结构,而没有定义数据的操作,那么该知识表示就变得毫无意义。因此这里我们对所设计的基于 XML 的规划知识表示系统的查询和操作方法、机制进行研究。

在上面的基于 XML 的规划知识描述中,我们可以用一个带根连通有向图来表示基于 XML 的规划知识,图中的节点和 XML 文档描述知识的元素(元素值)、属性(属性值)相对应,XML 文档元素间的关系则可用带根连通有向图的边来表示,同时边也表示元素和属性之间的关系。针对 XML 文档的特点,可以把图中的节点分为两大类:元素节点 V_{Element} 和数据节点 V_{Value}。带根连通有向图的内点用来表示 XML 文档中的元素或属性,而叶子节点则用来表示 XML 文档中的各种数据,包括属性值、元素值、注释等。一个 XML 描述的规划系统的知识可以形式化定义为如下形式。

定义 2-15　一个 XML 描述的规划系统的知识可以表示为有向图 $G=(V,E,r)$。其中,$v_0,v_1,\cdots,v_i,\cdots,v_n \in V$,表示基于 XML 表示规划知识中的元素;$e_1,e_2,\cdots,e_n \in E$,表示基于 XML 表示规划知识中元素之间的关系;而且有且只有一个节点 r 同时满足以下条件:

(1) 该节点的入度为 0;

(2) $d(r,v_i)>0$,其中 $r \in V, v_i \in (V-\{r\}), i=0,1,2,\cdots,n$,也就是 r 可以到达图中其他任何节点,即该图是连通的。

带根连通有向图的边主要用来保存各个节点之间的相互关系,我们把带根连通有向图中的边分为两大类:元素边 E、属性边 A。元素边 E 包含下列几种情况:从元素指向子元素节点的边、从元素指向元素值节点的边。属性边 A 是指从元素指向元素属性节点的边。XML 文档中的每一个元素或数据都对应图中的一个节点,为了能够表示这些节点,需要给每一个节点分配一个唯一标识该节点的数值(O_{id})。该值由系统自动产生,并且不会随着元素值的改变而改变。

针对上述 XML 知识描述,我们希望通过一些操作的使用,可以从 XML 知识(集)中查询得到满足查询条件的文档数据,从而完成深空探测任务规划过程中规划知识的处理,包括查询某个广义活动的相关信息(如参数、活动持续时间等)、满足广义活动的所有时间区间约束、查询某种资源的使用情况以及在探测器结构发生变化是改变规划系统的知识描述等。我们主要考虑了下面几种操作:导航操作、选择操作、连接操作和构造操作。

2.5.4.1　导航操作

基于 XML 规划知识或知识集中有许多数据元素,元素间存在一种层次关系,它们不是一种平坦化的数据集,路径导航通过对路径名和路径关系的描述,为规划中的数据的查找指定了开始节点和查找路径,得到可以通过该路径到达的元素集。其基本形式如:

$$\phi[edgetype, name](Source\text{-}vertes\text{-}set) \tag{2-13}$$

表示导航操作的输入是节点集(或节点),输出也是一个节点集,对输出节点集中的每个节点,在输入节点集中至少存在一个节点可以通过类型为 $edgetype$、名称为 $name$ 的边到达该节点。

边的类型可以是元素边 E、属性边 A。对于边名 $name$,它既可以是一个确定的字符串,也可以是含通配符和正则表达式的字符串所表示的一个名称集。$Source\text{-}vertes\text{-}set$ 描述了图中的节点集,它作为本次导航操作的源数据。返回节点集中的节点 v 满足:

$$\exists e((e \in E) \lor (e \in A) \lor (e \in R)), type(e) = edgetype, name(e) =$$
$$name, parent(e) \in Source\text{-}vertes\text{-}set, child(e) = v \tag{2-14}$$

导航操作仅仅是根据数据集和它的导航路径找到符合条件的元素集,但是在多数查询中,用户不但要查找相应的子元素,而且还要求这些子元素的值或属性满足一定的条件,因此又引入了下面的操作。

2.5.4.2　选择操作

查询的主要目的是对规划数据集中的数据进行相应的挑选,以找到满足条件的元素,因此需要广泛地用到选择操作来过滤不满足条件的数据。下面定义选择操作为:

$$\sigma[condition(e)](e:expression) \tag{2-15}$$

对 $expression$ 所表示的集合,其中的每一个元素用变量 e 表示,用 condition 加以运算,如果返回结果为 true,那么说明集合中当前取出的元素 e 满足选择操作的条件,如果返回结果为 false(在三值逻辑中还包括 unknown 表示未知或不存在),那么说明该元素 e 不满足选择操作的条件,所有满足条件的元素构成的集合便是选择操作的结果集。所以,选择是从一个集合中取出满足一定条件元素集的操作。

在 XML 的规划知识表示系统中,节点、边的一些属性如值(value)、类型(type)等这些都可以在选择条件的构造中应用。选择操作的选择条件不但可以指定值相等的条件,也可以使用其他比较操作(如:<、>、>=、<= 等),同时还可以利用布尔操作

(如 and、or、not) 来创建复杂的、表达能力更强的查询条件。一些数据类型的专用操作也可以加入选择操作的条件表达式中。此外,用户也可以在规划过程中根据自己的需要对这些操作或函数进行一定扩展。导航操作可以和选择操作一起使用,使选择操作有更强的表达能力。

2.5.4.3 连接操作

查询操作是在规划知识集中选择一些满足一定条件的文档或文档元素。但在许多情况下,可能要针对几个不同的数据源,从中选择一些满足一定关系的数据,这就涉及多个文档之间的连接。在规划系统中的数据操作和查询中感兴趣的仅仅是元素节点,在前文定义的各种 XML 运算中,其操作对象和输出结果也以元素节点为主,为了能够使该操作更为简单实用,并且容易和查询代数的其他各种操作相互衔接,对连接操作形式定义如下:

$$(a:expression1) \otimes [condition(a,b)](b:expression2) \qquad (2-16)$$

该连接操作的操作对象分别是由 $expression1$ 和 $expression2$ 所指定的节点集,可以指同一个节点集,也可以指不同的两个节点集。在进行连接操作时,把两边的节点集做笛卡尔积,对其中的每一个 (a,b),用 $condition(a,b)$ 加以判断,如果得到的结果为真,那么返回一个以 a、b 为子元素的虚拟元素节点,用来表示 a、b 满足连接条件。这些在连接中产生的连接元素节点和由连接节点指向两个实际元素节点的边不是 XML 文档的一部分,它仅仅是在查询过程中产生的一些临时结果。

2.5.4.4 节点和边的构造操作

在规划过程中,常常由于探测器某些子系统的改变而需要重新改变规划知识的描述,即需要重新构造节点和边。节点构造操作是根据输入的参数构造一个简单的节点。在一般情况下,节点构造操作不能独立作为一个表达式,而是把该操作和边的构造操作结合在一起,这样不至于产生一个孤立的节点。节点构造操作的语法如下:

$$\nabla[type](value) \qquad (2-17)$$

式中,$type$ 指所构造节点的类型,如果是值节点,那么 $value$ 就是该值节点的值,如果是元素节点,那么 $value$ 值为空。

在 XML 形式数据模型中,用带根连通有向图表示 XML 文档,和节点一样,边占有非常重要的地位,所有节点之间的关系都由边来存储。特别是在查询连接中,需要用虚拟边来保存元素节点之间的引用关系。另外,在最后结果的构造中,也需要用到边的构造操作。边的构造操作形式如下:

$$\nabla[edgetype,name,child](parent) \qquad (2-18)$$

式中,$edgetype$ 表示边的属性,它的取值为 A 或 E,也就是只允许是元素边或属性边;$name$ 用来指定边的标签,即指定边属性名或元素名;$child$ 是边指向的属性节点、元素节点或值节点;$parent$ 则指定了 $child$ 节点的父元素节点。

由于同一父节点的子元素之间是顺序相关的,所以在创建一个元素和子元素间的边时,还需要指定边和其他同一父节点边之间的关系。在缺省的情况下,新构造节点加入同一个父节点的所有子节点末尾。

　　上述基于 XML 的深空探测器规划知识的操作方法可以满足深空探测器任务规划过程中活动的选择、约束的满足等要求。Sun 公司提供的 XML 语言的解析工具包可以帮助我们快速地实现上述操作,我们在最后一章中对这些操作进行了实现。

2.6　本 章 小 结

　　本章给出了规划问题的定义及深空探测器规划结构和系统动态模型,并分析了深空探测领域知识的特点,针对深空探测器操作过程中的复杂时间约束、资源约束、并行活动约束等特点,提出了一种以状态和状态时间线为基础的面向对象规划知识描述模型,该模型可以方便地表示探测器规划系统中的广义活动、时间约束、状态时间线、资源约束等知识。在该模型的基础上提出了一种基于 XML 的规划系统知识表示方法,该表示方法非常有利于探测器任务规划知识的扩展和查询,为下面规划系统和算法的设计与实现提供了良好的基础。

参 考 文 献

[1]　LABORIE P. Hierarchisation of the search space in temporal planning[M]// New directions in AI planning. IOS Press,1996.

[2]　CHIEN S. Using AI planning techniques to automatically generate image processing procedures:a preliminary report[R]. 1994.

[3]　CHIEN S,GOVINDJEE A,ESTLIN T,et al. Automated generation of tracking plans for a network of communications antennas[C]// Aerospace Conference. IEEE,1997:343-359.

[4]　ARENTOFT M M,FUCHS J J,PARROD Y, et al. OPTIMUM-AIV:a planning and scheduling system for spacecraft AIV[J]. Future Generation Computer Systems,1992,7(4):403-412.

[5]　YANG Q. Intelligent planning:a decomposition and abstraction based approach[M]. DBLP,1997.

[6]　VIDAL T,GHALLAB M. Temporal constraints in planning:free or not free? [J]. Workshop Proc Constraint,1995.

[7]　马玉书. 人工智能及其应用[M]. 青岛:中国石油大学出版社,1998.

[8]　蔡希尧,陈平. 面向对象技术[M]. 西安:西安电子科技大学出版社,1995.

[9]　CASEAU Y. Constraint satisfaction with an object-oriented knowledge representation language[J]. Applied Intelligence,1994,4(2):157-184.

[10]　施伯乐,周傲英,郭德培,等. 基于复杂对象的知识库语言[J]. 软件学报,1995,6(4):193-200.

[11]　ALLEN J F,ALLEN J F. Maintaining knowledge about temporal intervals [J]. Communications of the ACM,1983,26:832-843.

[12]　ALLEN J F,FERGUSON G. Actions and events in interval temporal logic[R]. 1997.

[13]　WILKINS D E,MYERS K L. A common knowledge representation for plan generation and reactive

execution[J]. Journal of Logic & Computation,1995,5(6):731−761.

[14] PEDNAULT E P D. Synthesizing plans that contain actions with context-dependent effects[J]. Computational Intelligence,1988,4(3):356−372.

[15] FOX M,LONG D. PDDL2.1: An extension to PDDL for expressing temporal planning domains [J]. Journal of Artificial Intelligence Research,2003,20(20):61−124.

[16] HALSUM P,GEFFNER H. Heuristic planning with time and resource[C]// IJCAI Workshop on Planning with Resources. 2001

[17] KOHLER J. Planning under resource constraints[C]// Proceedings of the Thirteenth European Conference on Artificial Intelligence,1998: 489−493.

[18] CONSORTIUM W W W. Extensible markup language(XML) 1.0[R]. 1998.

[19] 金波,王行愚. 采用扩展标记语言的知识表示方法[J]. 华东理工大学学报(自然科学版),2000,26(1):74−76.

[20] 张荣进. 知识库系统分析及用 XML 表示通用知识库[J]. 计算机工程与科学,2003,25(3): 72−75.

[21] 向南平,彭海波. 用 Java/XML 实现 WebGIS 的问题探讨[J]. 海洋测绘,2004,24(1):35−37.

[22] 徐枫,张正和. 基于 XML 的通用元数据管理系统的研究与设计[J]. 现代图书情报技术,2003,19(4):33−35.

第3章　时间约束网络及其处理方法

3.1　引　　言

时间约束网络是对具有时间知识和时间约束关系的系统进行描述和推理的有效方式和手段,它将图论中约束处理问题的思想引入约束满足问题的求解中。从 1983 年 Allen 提出关于时间区间知识表示方法之后,时间约束处理技术便在人工智能领域中受到越来越多的研究人员的关注。最近几年对该方向的研究取得了引人注目的成绩,并在许多计算机相关领域中得到了广泛的应用,例如计算机集成制造系统(CIMS)、计算机辅助设计系统(CAD)、规划调度系统、时态数据库系统、自然语言处理、常识推理等[1-4],并且提出了多种形式化描述和推理时间约束的方法[5-7],主要有 Allen 的时间区间代数方法、Vilain 和 Kautz 的时间点代数方法、Malik 和 Binford 的线性不等式组方法、Dean 和 McDermott 的时间图方法以及 Dechter 和 Meiri 等提出的时间约束网络的方法等。针对每一种不同的描述方法,都存在相应的一些约束传播方法来支持。

Dechter 和 Meiri 等给出了时间约束网络的基本概念和常用的 Floyd-Warshall 算法。在时间约束网络中,顶点表示所要计算的时间变量,边表示时间变量之间的约束关系。但是所给出的方法是在时间约束网络为静态情况下的算法。在探测器任务规划过程中,每一步都是通过在局部规划空间中进行搜索来寻找满足要求的活动(例如增加一个活动,改变其中的某些约束等),从而改变或扩展当前规划,使其逐步满足最终的目标。规划系统中的活动定义在某时间区间上,而且该区间与其他活动之间存在相互关系。处理这些时间和时间之间关系知识是通过一个单独的时间约束管理模块来实现的。每当一个新的任务或活动加入当前局部规划时,相应的时间约束网络就需要进行一次处理,因此时间约束管理模块的效率对整个规划系统的性能起到至关重要的作用。

采用时间约束网络的优点是其能够过滤掉所有变量的不一致的值,得到最小网络。但是有些规划问题只需要判断时间约束网络一致性并确定活动开始点以及结束点的最小值域即可,那么使用基于路径一致算法的约束传播过程就显得冗余;此外,采用时间约束网络方法的一个缺点是如果改变其中一个点的约束或者新加入变量点,就要对所有点的值进行计算,若在规划过程中引入一个活动,会引入两个变量点,$2(n+1)$个约束弧(n 为原来的变量点),导致计算量急剧增加,不适合动态处理时间约束。

本章根据任务规划系统的特点,分析任务规划过程中约束出现的形式,在图论中最短路径理论的基础上,给出一种动态增量式时间约束网络算法,可以将算法的时间复杂性降低到 $O(en)$;并将其应用到探测器的活动规划系统中进行了计算仿真,对实验结果进行比较分析。结果证明,动态增量式算法可以快速地判断时间约束网络的一致性、给出各个活动之间的时间关系。

3.2 任务规划中的时间描述和时间约束问题

对于深空探测器任务规划系统,我们所讨论的问题是:在不违反多种时间约束的条件下,选取活动并调度各自的开始时间和结束时间,使其在执行后能够达到所要求的目标。这里,活动是系统能够执行的基本动作,根据第 2 章给出的知识表示模型,它与某一特定的时间区间相联系;时间约束是多个活动对应区间之间的关系,例如活动 A 必须在活动 B 开始之前的 10 个时间单位内结束、活动 D 必须在活动 A 结束后 20 个时间单位内开始等。采用基于时间区间的方式来表示活动的时间可以很方便地描述活动之间的顺序、并行关系,并能够给活动指定具体的时间。

在人工智能领域中,许多问题可以转化为约束满足问题来解决。时间约束问题是约束满足问题中的一个特例,它主要处理和时间知识密切相关的一类问题,例如规划调度、时序推理等。时间约束网络是该类问题描述和求解的有效方法。本节给出任务规划中的时间信息描述方法和时间约束问题。

3.2.1 任务规划中的时间描述

对于规划中的时间表示问题,常用的两种基本方法是:时间点方法和时间区间方法。

时间点是时间的一个瞬间。时间点表示法是由 Vilain 和 Kautz 提出的,它们定义了时间点之间存在的三种关系,即 <、= 和 >,表示了时间点之间的不确定信息。任何两个时间点之间的关系都可以表示为基本关系的析取。用集合来表示两个时间点之间的关系,例如时间点 a 小于或等于时间点 b,则可表示为 $a\{<,=\}b$。

时间区间是一个连通的时间范围。时间区间是由时间点分开,每个时间区间都有一个开始时间点和结束时间点。时间区间内的任何一点都是一个时间点,但时间区间并不是时间区间内所有点的集合。时间区间认为是非空的,即区间的开始时间点严格小于结束时间点。时间区间表示法是由 Allen 提出的,它描述了时间区间之间可能存在的 13 种基本关系,如表 3-1 所示。任何两个区间之间的关系可以表示为上述 13 种基本关系的一个子集。

表 3-1　基于时间区间的 13 种关系
Table 3-1　Thirteen temporal relationships based on temporal interval

关系	符号	意义
X before Y	b	X ⊢─── Y（X 在 Y 之前）
X after Y	bi	Y ⊢─── X
X meets Y	m	X 与 Y 相接
X met-by Y	mi	Y 与 X 相接
X overlaps Y	o	X 与 Y 重叠
X overlaped-by Y	oi	Y 与 X 重叠
X during Y	d	X 在 Y 期间
X contains Y	di	X 包含 Y
X starts Y	s	X 与 Y 同时开始
X started-by Y	si	Y 与 X 同时开始
X finishes Y	f	X 与 Y 同时结束
X finished-by Y	fi	X 与 Y 同时结束
X equal Y	eq	X 等于 Y

令 TR 是所有的基本关系集合，即

$$TR = \{eq, b, bi, m, mi, o, oi, d, di, s, si, f, fi\} \tag{3-1}$$

两个时间区间之间的关系是几种基本区间关系的析取。例如，$A\{o, s\}B$ 描述的是时间区间 A 可能与时间区间 B 重叠或同时开始。如果两个区间之间的关系是 TR，则说明这两个时间区间之间不存在任何约束。

时间点和时间区间之间存在必然的联系。时间区间之间的 13 种关系可以转化为如表 3-2 所示的时间点之间的关系。其中假定区间 X 是 $[A_x, B_x]$，区间 Y 是 $[A_y, B_y]$。

表 3-2 时间区间和时间点之间的对应关系

Table 3-2 Corresponding relation of temporal interval and temporal point

时间区间关系	时间点之间约束
X before Y	$B_x < A_y$
X after Y	$B_y < A_x$
X meets Y	$B_x = A_y$
X met-by Y	$B_y = A_x$
X overlaps Y	$A_x < A_y$ and $B_x < A_y < B_y$
X overlaped-by Y	$A_y < A_x$ and $A_x < B_y < A_y$
X during Y	$A_x > B_x$ and $A_x < B_y$
X contains Y	$A_y > A_x$ and $B_y < A_y$
X starts Y	$A_x = A_y$ and $B_x < B_y$
X started-by Y	$A_y = A_x$ and $B_y < B_x$
X finishes Y	$A_x > A_y$ and $B_x = B_y$
X finished-by Y	$A_y > A_x$ and $B_y = B_x$
X equal Y	$A_x = A_y$ and $B_x = B_y$

3.2.2 任务规划中的时间约束问题

为了能够更加清楚地描述与时间有关的规划问题,这里首先给出一般时间约束问题的定义。

定义 3-1 时间约束问题定义为一组有限变量集合 $X = \{X_1, X_2, \cdots, X_n\}$ 和一组变量上的约束 $\{C_1, C_2, \cdots, C_n\}$。每个变量代表一个时间点,变量之间的约束代表时间点之间的时间关系。

每个约束根据 Allen[1] 提出的时间区间理论,可以描述为区间的形式:

$$\{I_1, I_2, \cdots, I_n\} = \{[a_1, b_1], [a_2, b_2], \cdots, [a_n, b_n]\} \qquad (3-2)$$

对于实际问题,变量可以代表各个活动的开始时间点和结束时间点。例如活动 A 的开始和结束时间点分别为 A^- 和 A^+,活动 B 的开始和结束时间点分别为 B^- 和 B^+,则前面的约束可以表示为 $0 \leq A^+ - B^- \leq 10$,即约束 C_i 可表示为区间 $[0,10]$ 的形式。

定义 3-2 时间约束问题的解:当赋值 $\{X_1 = a_1, X_2 = a_2, \cdots, X_n = a_n\}$ 满足所有的约束时,元组 $X = \{a_1, a_2, \cdots, a_n\}$ 为时间约束问题的解。

对于一般的时间约束问题,如果每一对变量上的约束区间很多,而且约束区间是连续的情况时,计算一致性后的总的区间的个数与每对变量上的区间数呈指数关系增加,即所谓的区间碎裂化,给求解带来很大的困难。而简单时间约束问题不会产生这个问题,因此,在求解一般时间约束问题一致性时往往将其转化为简单时间约束问题来求解。而且实际中的许多问题也可以直接用简单时间约束问题来描述和求解,如规划问题、车间调度问题等。本文主要在简单时间约束问题的基础上来对相关的问题进行讨论的。下面详细地给出了简单时间约束问题的描述及相关简单时间约束网络,并在此基础上建立了规划系统中的简单时间约束网络。

3.3　简单时间约束问题

简单时间约束问题(STP)是时间处理系统的简化处理方法,本节主要介绍时间约束问题、简单时间约束网、时间约束网络的概念以及相关理论。

3.3.1　简单时间约束问题的定义

通常对于存在二元时间约束关系的问题采用简单时间约束问题来描述和计算。下面首先给出简单时间约束问题的定义以及相关理论。

定义 3-3　当一个时间约束满足问题的所有两个时间点之间的约束都仅是一个区间时,其被称为简单时间约束问题。简单时间约束问题同样包括一组具有一定连续域的时间点变量 $\{X_1, X_2, \cdots, X_n\}$,和一组约束 $\{a_{ij} \leqslant X_j - X_i \leqslant b_{ij}\}$,其中 $0 \leqslant a_{ij} \leqslant b_{ij}$。

对于这样的问题,可以用有向约束图 $G(V, E)$ 来表示,其中,V 是顶点的集合,每个顶点表示时间点变量;E 为边的集合,边 $i \rightarrow j$ 表示约束 C_{ij},其每一边 $i \rightarrow j$ 仅标注了一个区间 $[a_{ij}, b_{ij}]$,它表示约束为:

$$a_{ij} \leqslant X_j - X_i \leqslant b_{ij} \tag{3-3}$$

该约束还可以表示为一个不等式组的形式:

$$\begin{cases} X_j - X_i \leqslant b_{ij} \\ X_i - X_j \leqslant -a_{ij} \end{cases} \tag{3-4}$$

这样,求解简单时间约束问题可归结为求解关于 X_i 的线性不等式组。

3.3.2　简单时间约束的语法和语义

简单时间约束均可以表示为如下形式:

$$x - y \leqslant b \tag{3-5}$$

$$b_1 \leqslant x - y \leqslant b_2 \tag{3-6}$$

公式(3-6)可以被分解为如公式(3-7)所示的两个单一约束:

$$x - y \leqslant b_2 \quad 和 \quad x - y \leqslant -b_1 \tag{3-7}$$

语义上讲,公式(3-5)读为 y 发生在 x 之前至多 b 个时间单位,或 x 发生在 y 之后至多 b 个时间单位。这两个意思是等价的。注意这允许 y 出现在 x 之后(x 也可以出现在 y 之后)。如果 b 是负值(或者更形式化一些,如果 $b \leqslant 0$),则公式(3-5)读作"x 必须发生在 y 之前至少 $-b$ 个时间单位"或"y 必须发生在 x 之后至少 $-b$ 个时间单位"。这两个说法也是等价的。注意 x 必须首先出现或与 y 同时出现。

如果 $b_1 \geq 0$ 且 $b_2 \geq 0$,则公式(3-6)读作"y 在 x 之前至少 b_1、至多 b_2 个时间单位"或"y 在 x 之前在 b_1 和 b_2 个时间单位之间"。如果 $b_1 < 0$ 且 $b_2 < 0$,则公式(3-6)可以重新组织为 $-b_1 \geq y - x \geq -b_2$,即 $-b_2 \leq y - x \leq -b_1$,因此可以读作"$x$ 在 y 之前至少 $-b_2$、至多 $-b_1$ 个时间单位",或"y 在 x 之后在 $-b_2$ 和 $-b_1$ 个时间单位之间"。如果 $b_1 < 0$ 且 $b_2 \geq 0$,则公式(3-6)可以读作"y 在 x 之前最多 b_2 个时间单位且 y 在 x 之前至少 b_1 个时间单位"。显然这两个约束中只有一个成立,使用 $|b_1|$ 和 $|b_2|$ 最小值,因为其中一个约束将覆盖另外一个。如果 $b_2 < 0$ 且 $b_1 \geq 0$,则公式(3-6)明显没有意义,它意味着"x 在 y 之前至少 b_2 个时间单位,且 x 在 y 之后至少 b_1 个时间单位",显然,x 不可能既在 y 之前又在 y 之后。可以看出 b_1 必须小于等于 b_2($b_1 \leq b_2$),否则是不可满足的。

实际上,简单地看一下,公式(3-6)可以表示为 $A \leq B \leq C$ 的形式,显然 $A \leq C$。如果 b_1、b_2 都是正数,则约束可以用形式 $b_1 \leq x - y \leq b_2$;如果 b_1、b_2 都是负数,则 x 与 y 可能交换;如果 $b_1 \leq 0$ 且 $b_2 \geq 0$,则是不可满足的,如果 $b_1 \leq 0$ 且 $b_2 \geq 0$,则只有一个约束有效。

简单时间约束不失一般性可以表示为如下形式:

$$x - y (\leq / \geq) b \tag{3-8}$$

可以读作:

若 $b > 0$,y 在 x 之前或 x 在 y 之后:如果"$\leq$",至多或不超过 b 个时间单位;如果"$\geq$",至少或不小于 b 个时间单位;

若 $b < 0$,y 在 x 之后或 x 在 y 之前:如果"$\leq$",至少或不小于 $-b$ 个时间单位;如果"$\geq$",至多或不超过 $-b$ 个时间单位。

对于实际系统,所有的时间点必须出现在开始时间点(零时间点)之后,即 $\forall x$: $x \geq 0$。因此引入一个特殊的时间点(称为原点,记为 X_0)来代表开始点。对于每一个变量增加下面一个约束:

$$x - X_0 \geq 0 \tag{3-9}$$

也可以定义一个变量出现在一个特定的时间之前,表示为 $x \leq d$。将该约束转化为类似公式(3-8)的形式,则为 $x - X_0 \leq d$($X_0 - x \leq d$ 意味着 x 出现在开始点之前,所以没有意义)。

时间点之间简单的排序可以表示为 $-\infty \leq x - y \leq 0$,其中只有一个约束是有效的,即 $x - y \leq 0$ 就可以表示"y 在 x 之后最多 0 个时间单位"即"y 在 x 之后"。这在规划中十分重要。

如果 $b_1 = b_2 = b$,则意味着 y 在 x 之前恰好 b 个时间单位。如果 $y = X_0$ 且 $b_1 = b_2 = b$,则 x 正好出现在时间 b,它可以用于建模规划器控制之外的事件。

3.3.3 任务规划中的简单时间约束网络

简单时间约束问题其实是求解一个线性不等式组的问题。求解线性不等式组的方法在运筹学中已经进行了深入的研究,同时也给出了许多求解的方法[8-9],例如椭球算法及其系列改进、单纯形方法和内点方法等。这些方法在实际数值计算中都获得了很好的效果。这里我们采用一种方便的图形式来表示该组线性不等式,称之为时间网络图,这个概念是由 Dean 和 Mcdermott 首次提出的。

　　时间图采用一个有向加权图 $G_d = (V_d, E_d)$ 来描述简单时间问题。为了区别,G_d 称为距离图。图中的顶点仍是时间点的集合,边 $i \rightarrow j$ 标注权值 b_{ij},表示时间约束 $X_j - X_i \leqslant b_{ij}$,边 $j \rightarrow i$ 标注权值 $-a_{ij}$,表示时间约束 $X_i - X_j \leqslant -a_{ij}$,如图 3-1 和图 3-2 所示。

图 3-1　$a_{ij} \leqslant X_j - X_i \leqslant b_{ij}$ 时间约束图

Fig.3-1　Temporal constraint graph of $a_{ij} \leqslant X_j - X_i \leqslant b_{ij}$

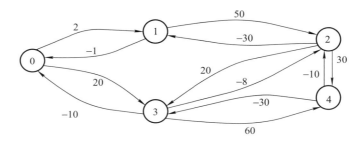

图 3-2　描述简单时间问题的距离图

Fig.3-2　Distance graph of simple temporal problem

　　G_d 图中从 i 到 j 的一条路径上可能存在多个顶点,导致在 $X_j - X_i$ 上存在约束公式(3-10):

$$X_j - X_i \leqslant \sum_{k=1}^{j} a_{i_{k-1}, i_k} \qquad (3-10)$$

　　如果从 i 到 j 存在多条路经,则存在:

$$X_j - X_i \leqslant d_{ij} \qquad (3-11)$$

式中,d_{ij} 是从 i 到 j 的路径中最短的一个路径的长度。

　　在给定的约束网络之后,我们希望获得的信息是:构成的网络是否一致,即对应的时间约束问题是否存在解。如果网络是一致的,我们希望得到问题的可能解。我们根据解可以回答以下关心的问题:时间点 x_i 可能在什么时间出现? 时间点 x_i 和时间点 x_j 之间存在什么样的关系? 转化为任务规划中的问题即为:活动 a_i 什么时候可以开始执行? 活动 a_i 和活动 a_j 之间存在什么样的关系?

　　Dechter 和 Meiri 在文献中给出了下面几个简单时间约束网络的相关结论。

　　结论 3-1　给定简单时间约束网络是一致的当且仅当它的距离图 G_d 没有负环

存在。

该定理给出了判断简单时间问题一致性的方法,也可以判断该事件约束问题是否有可行解,时间约束网络算法就是根据该定理设计的。

结论 3-2 假设 G_d 是一致的简单时间约束网络,可给定两种一致情况:

$$\begin{cases} S_1 = (d_{01}, \cdots, d_{0n}) \\ S_2 = (d_{10}, \cdots, d_{n0}) \end{cases} \quad (3-12)$$

S_1 将变量赋值为最迟可能时间,S_2 将变量赋值为最早可能时间。

结论 3-3(可分解性) 任何一致的简单时间约束问题相对于它最短距离图中的约束是可分解的。

该结论的重要性在于它给出了一种构造简单时间约束问题解的有效方法。

结论 3-4 令 G_d 是一致的简单时间约束问题的距离图,变量 X_i 的可能值的集合是 $[-d_{i0}, d_{0i}]$。

由该结论我们可以求得时间点的可能范围,即:

$$-d_{i0} \leq X_i \leq d_{0i} \quad (3-13)$$

根据最小时间网络图,我们可以很方便地得到时间点的最小范围、约束区间的最小范围。

3.3.4 简单时间约束网的推理

对于简单时间约束网络的管理和推理主要包括两方面的工作。一是一致性检查,即检查时间点变量从其值域中取得的值是否满足约束集合中的所有约束。例如,如果存在下列三个约束:A 必须出现在 B 之前,B 必须出现在 C 之前,且 C 必须出现在 A 之前,则给 A、B、C 三个时间变量分配时间值是不可能的(约束不一致)。二是简单时间约束网络的约束传播,即用约束进行推理来找到更多的信息,进一步约束时间变量的取值区间。例如存在下面两个约束:A 必须在 B 之前至少 5 s 出现,B 必须在 C 之前至少 5 s 出现,则很容易推理出 A 必须在 C 之前至少 10 s 出现。在简单时间约束网络中,常常需要知道一个时间点可以出现的时间窗口。

根据结论 3-1 可知,一个时间图如果包含负环路,则该图是不一致的。可以通过边可以取负值的最短路径算法来检验图的一致性。如果存在负环路,则不能找到最短路径,因为它总是在这个回路上进行一次或多次循环。对于不一致性图,例如 $2 \leq x-y \leq 1$ 是一个负环,其语义为 y 在 x 之前至多 1 个时间单位、至少 2 个时间单位出现,其显然这是不可能的。实际上,简单地从方程式也可以看出,给 x、y 赋(正)值满足约束是不可能的。

正回路是可以获得满足约束的值,例如,如果存在约束"$x-y \leq 2$,$y-z \leq 4$,$z-x \leq 4$",意味着"x 必须在 y 之后至多 2 个时间单位,y 在 z 之后至多 4 个时间单位且 z 在 x 之后至多 4 个时间单位",因为"之后至多"意味着它可能之前出现,其中一个时间点可以(必须)先于另一个,同时它可以(必须)跟随另外一个。一组可能的赋值为:

$x=0, y=2, z=3$。即使第三个约束为 $z-x \leqslant -4$，仍然不会存在负环路，存在可能的赋值：$x=4, y=3, z=0$。

约束可以通过在两个时间点之间查找最短路径进行传播（即进一步约束网络或发现隐含的约束）。例如，如果存在约束"$y-x \leqslant 6, z-x \leqslant 2, y-z \leqslant 2$"，则可以建立如图 3-3 的约束图。

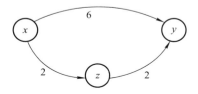

图 3-3　时间约束图中的最短路径

Fig.3-3　Shortest path in the temporal constraint graph

显然存在一个较短的路径 $x \rightarrow z \rightarrow y$，则推理过程为：$z$ 必须发生在 x 之后不超过 2 个时间单位且 y 必须发生在 z 之后不超过 2 个时间单位，所以得出 y 必须发生在 x 之后不超过 4 个时间单位。注意该结论与已经存在的约束（或边，即"y 必须出现在 x 之后不超过 6 个时间单位"）不矛盾，因为小于 4，它也同时小于 6。

使用两对顶点之间最短路径方法，可以计算出两个时间点之间的最大时间差和最小时间差，即约束 $b_1 \leqslant x-y \leqslant b_2$ 中的 b_1 和 b_2，其中 b_1 是 x, y 之间最短距离的负值，b_2 是 y 和 x 之间的最短距离，如果从 x 到 y 的距离为正，则它是 y 跟随 x 之后的最大时间；如果距离是负值，则它是 x 可以在 y 之后的最小时间。

如果 x 或 y 是已知的（即为确切的一个数值或有一个取值范围 $d_1 \leqslant x \leqslant d_2$，其中 $d_1 = d_2$），可以通过简单的最短路径算法计算出与其相连的其他时间点的取值范围，并重新组织相应的约束。如果已知的时间点是时间的原点，则由该点到任何一个时间点的距离可以给出时间点最迟开始的时间，由任何一个点到原点的最短距离可以给出最早的开始时间。

3.4　基于几何表示的时间传播方法

时间约束处理直接影响到了规划系统的效率。为了提高时间约束关系处理的效率，本文设计了一种二维坐标系下表示时间约束关系并进行约束传播处理的算法。该方法表示直观、处理方便，可快速完成规划过程中各活动时间约束关系的一致性快速判断[10]。

3.4.1　时间约束的几何表示方法

对时间约束进行表示并推理是处理时间问题的关键部分。目前有 Allen 提出的

13种区间代数法表示定性时间约束、时间约束网络表示的定量时间约束。使用定性约束,无法处理定量约束,但是规划问题中往往会涉及定量约束。时间约束网络表示方法应用广泛,但是其以变量点的形式进行表示,而对于具有持续时间的活动变量来说,需要引入两个变量点和一个相对零点。如果有 n 个活动,则有 $2n+1$ 个变量点,造成变量点大幅增加,从而导致计算量增大。因此,为了同时表示出定性关系和定量约束,采用在二维坐标系下对活动及活动间约束进行表示的方法。该方法首先由 Rit 提出,后来 Pujari、Kumari 和 Sattar 进一步讨论,而 Ullberg 使用该方法表示少量的定量约束来解决环境识别问题中的区间推理问题。这里我们先用线段的方式表示出我们要研究的活动变量自身约束(单约束)以及活动之间的约束(双约束),并与 Allen 的定性约束和时间约束网络对应的定量约束相对应,最后给出坐标系的表示方法。

3.4.1.1 活动变量及单约束

为了简单易懂,用线段表示一个活动变量 o_i。活动变量定义为 $o_i = \{s_i, e_i, d_i\}$,即具有开始点 s_i、结束点 e_i 和持续时间 d_i。

对于一个活动,如图3-4,若其区间值确定,那么在坐标系中可表示为一个点,如图3-5所示,其中横坐标为开始时间,纵坐标为结束时间,则直线 $y=x+d$ 与纵坐标交点值即为活动持续时间。

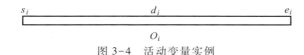

图3-4 活动变量实例

Fig.3-4 Illustration of activity variables

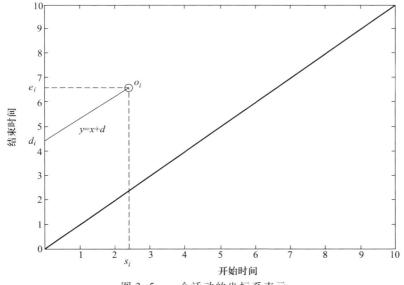

图3-5 一个活动的坐标系表示

Fig.3-5 Coordinate representation of an activity

对于单个活动 $o_i = \{s_i, e_i, d_i\}$ 来说,它是有自身约束的,称其为单约束,包含 $s_i \in [s_{i1}, s_{i2}]$,$e_i \in [e_{i1}, e_{i2}]$,$d_i \in [d_{i1}, d_{i2}]$。此处定义相对零点,则有 $s_{i1} \geqslant s_{i2} \geqslant 0$,$e_{i1} \geqslant e_{i2} \geqslant 0$,$d_{i1} \geqslant d_{i2} \geqslant 0$。比如航天器对某天体进行拍照,需要在 $t_1 \sim t_2$ 开始,由于外界因素限制,需要在 $t_3 \sim t_4$ 结束,且由于存储空间有限,因此导致了活动的开始、结束以及持续时间都有约束。

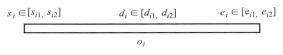

图 3-6　活动 o_i 的单约束

Fig.3-6　Ilustration of single constraints on activity o_i

图 3-6 为活动 o_i 的单约束示例。在二维坐标系中,活动的可行取值范围是一个区域,此区域是 $x = s_{i1}$,$x = s_{i2}$,$y = e_{i1}$,$y = e_{i2}$,$y = x + d_{i1}$,$y = x + d_{i2}$ 相交后包围的区域。如图 3-7 所示,六条直线相互相交,箭头方向表示可行区域在直线的哪个方向,最终灰色区域即为所求。当 $s_{i1} = s_{i2}$ 且 $e_{i1} = e_{i2}$ 且 $d_{i1} = d_{i2}$ 时,活动在二维坐标系中的可行区域为一点。

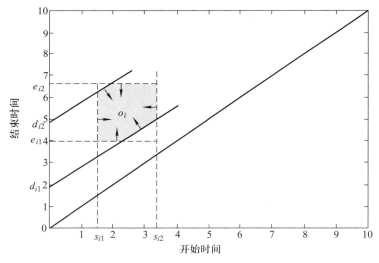

图 3-7　二维坐标系下的单约束表示

Fig.3-7　Single constraint representation in two-dimensional coordinate system

3.4.1.2　活动间约束

活动间的约束关系同时约束了两个活动,所以称为双约束。此处用两个活动变量 $o_x = \{s_x, e_x, d_x\}$ 和 $o_y = \{s_y, e_y, d_y\}$ 来表示。图 3-8 简明地表示出了活动 o_x 对活动 o_y 可能存在的四种约束关系。

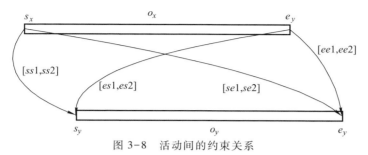

图 3-8 活动间的约束关系

Fig.3-8 Illustration of constraints among activities

[$ss1,ss2$]表示 o_x 开始点对 o_y 开始点的约束,且 $ss1,ss2 \in (-\infty, +\infty)$($\infty$ 表示无穷大);[$se1,se2$]表示 o_x 开始点对 o_y 结束点的约束,且 $se1,se2 \in (-\infty, +\infty)$;[$es1, es2$]表示 o_x 结束点对 o_y 开始点的约束,且 $es1,es2 \in (-\infty, +\infty)$;[$ee1,ee2$]表示 o_x 结束点对 o_y 结束点的约束,且 $ee1,ee2 \in (-\infty, +\infty)$。

图 3-9 为活动双约束在二维坐标系下的表示。

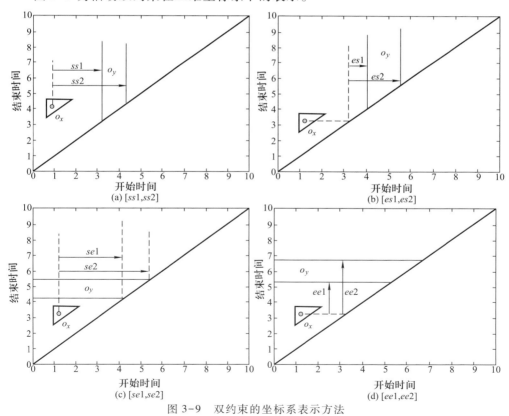

图 3-9 双约束的坐标系表示方法

Fig.3-9 Coordinate representation of dual contraints

3.4.2　约束传播方法

在对活动及其约束进行几何表示后,不仅增强活动及约束的可视化程度,而且可在此基础上进行约束传播,同时处理多个约束,减少循环次数,提高计算效率。

本文采用的传播算法是基于几何图形的约束传播算法,简称为 CG 算法。本文利用 CG 算法判断时间问题的弧度一致性,过滤掉活动变量的冗余值。在具体处理约束过程中,使用了"几何图形重组相交"的方法处理一对具有双约束的活动变量。图 3-10 给出具体的 CG 算法。

Algorithm $CG(O, C, R2, worklist)$

1：　　**for** $\forall o_i \in O$
2：　　　　$D(o_i) = \text{cutself}(o_i)$；
3：　　**while** $worklist \neq \varnothing$ **do**
4：　　　　**for any two-body constraint** (o_x, o_y) **in** $worklist$
5：　　　　　　$worklist = worklist - (o_x, o_y)$；
6：　　　　　　if $GRI(o_x, o_y, C(o_x, o_y))$
7：　　　　　　　　if $\exists R2(o_y, o_j) \notin worklist$
8：　　　　　　　　　　$worklist = worklist + R2(o_y, o_j)$；
9：　　　　**end for**
10：　**end while**

图 3-10　CG 算法

Fig.3-10　CG algorithm

在算法的 2~3 行,根据活动单约束进行值域削减,函数为 $\text{cutself}(o)$。削减之后,每个活动的开始点、结束点以及持续时间的可行范围都被更新。从第 4 行开始,处理两个活动之间的双约束。R2 中存储有所有的约束对,$worklist$ 中则存储需要处理的约束对,因此,$worklist$ 初始值为 R2。选取 $worklist$ 中的一个约束(o_x, o_y),两者的约束关系存储在 C 中。处理两个活动的函数为 $GRI(o_x, o_y, C(o_x, o_y))$,其根据 o_x 以及约束 $C(o_x, o_y)$,求解 o_y 的最终值域。如果 o_y 值域发生改变了,那么与其相关的活动都要加入 $worklist$ 中,此处采取遍历 R2,找到所有与 o_y 相关的约束对:如果 $worklist$ 中没有该约束对,则添加到 $worklist$ 中;如果已经存在,则不需要重复添加。重复此过程,一直到 $worklist$ 为空,即所有活动变量的值域都不再改变。

在处理活动间双约束 $C(o_x, o_y)$ 时,因为活动的值域是区间形式,我们没有办法依次将 o_y 的值与 o_x 的值进行对比,看 o_x 中是否具有满足约束条件的值。因此根据 o_x 和约束 $C(o_x, o_y)$,求出 o_y 可行域,再与 o_y 的当前值域相交,求出最终的值域,我们称之为几何图形重组相交算法,简称为 GRI 算法。具体实现如图 3-11 所示。

Algorithm GRI$(o_x, o_y, C(o_x, o_y))$

1： bool change = false；

2： PD = Reconsitution$(o_x, C(o_x, o_y))$；

3： ID = Find_intersection (PD, o_y)；

4： FD = cutself（ID）；

5： **if** FD $\neq o_y$

6： change = true；

7： **return** change；

图 3-11　GRI 算法

Fig.3-11　GRI algorithm

3.5　任务规划中的时间约束网络变化分析

3.5.1　任务规划中的时间约束网络

如前所述,对于任务规划问题,每个可能执行的活动的开始时间、结束时间看作时间点,时间约束网络中的边表示活动之间的时间约束。例如,有一时间约束规则为"活动 A 在活动 B 执行之前[3,10]s 内执行结束",假定活动 A 的开始时间点是 t_A^s、结束时间点是 t_A^e,活动 B 的开始时间点是 t_B^s、结束时间点是 t_B^e,活动 A 的持续时间为[10,20]s,活动 B 的持续时间是[5,15]s,则这四个时间点之间存在约束如公式(3-14)所示:

$$10 \leqslant t_A^e - t_A^s \leqslant 20$$
$$5 \leqslant t_B^e - t_B^s \leqslant 15 \qquad (3-14)$$
$$3 \leqslant t_B^s - t_A^e \leqslant 10$$

任务规划就是根据这样的时间关系,建立起系统的简单时间约束网络。当一个新的活动加入时,我们通过简单时间约束网络来判断新加入的活动与已存在的活动在时间上是否是一致的,如果是一致的,通过传播的方式便可以求得各个时间点的取值范围。从而求得每个时间变量的最早开始时间和最迟开始时间。

3.5.2　任务规划中时间约束网络变化分析

任务规划过程中的简单时间约束网络是动态变化的,随着活动的增加或时间约束的增加,时间约束网络也不断变化。以前求解该类动态变化时间约束网络的方法是:当系统中网络的某一部分发生变化时,便重新对网络中的所有约束进行处理,得到各个时间点的可能的取值区间,例如 Floyd-Warshall 算法。但是网络的局部变化不一定影响到整个网络,对网络中的每个点求解是没有必要的。我们只需在前一次求解的基础上,将受到影响的点进行重新计算,便可以得到新的解,这也正是本文的出发点。下面对任务规划过程中时间约束网络可能出现的情况进行分析。

假设距离图 $G_d(V_d, E_d)$ 是已经求解的距离图,C_{ij} 是新增加的一个时间约束,C_{ij} 表示为 $a_{ij} \leqslant X_j - X_i \leqslant b_{ij}(0 \leqslant a_{ij} \leqslant b_{ij})$,即

$$X_j - X_i \leqslant b_{ij}$$
$$X_i - X_j \leqslant -a_{ij}$$

$$(3-15)$$

这时新加入的约束有下面三种情况:

(1) X_i、X_j 两个端点都不属于图 G_d 中的端点,即 $X_i, X_j \notin V_d$[如图 3-12(a)所示];

(2) X_i、X_j 两个端点有一个属于图 G_d 中的端点,即 $X_i \in V_d$ 或 $X_j \in V_d$[如图 3-12(b)所示];

(3) X_i、X_j 两个端点都属于图 G_d 中的端点,即 $X_i, X_j \in V_d$[如图 3-12(c)所示];

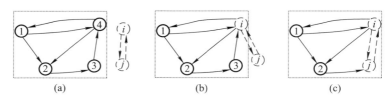

图 3-12　新增加的约束与原 G_d 之间的关系

(虚线表示的顶点和边是新增加的部分)

Fig.3-12　Relation of newly added constraints and the original G_d

(the vertices and edges represented by the dashed line are the new ones)

这三种情况实际上是对应增加两个顶点的情况、增加一个顶点的情况和不增加顶点而只改变约束的情况。

在上述的三种情况中,当加入新的约束时,第一种和第二种情况对前一步所求出的最短距离图不产生影响;第三种情况,前一步所求出的最短距离图将发生改变。

下面分别对这三种情况进行说明。

第一种情况下,新加入的两个点与前面求得的距离图是分离的,显然对已经求出的距离图不产生影响,X_i 和 X_j 与其他任何属于 G_d 中的顶点之间的距离都是无穷大,即 $d_{0i} = d_{i0} = d_{0j} = d_{j0} = \infty$。

第二种情况下,新加入的约束中,有一个顶点(假定是顶点 X_i)是属于前一步求得的距离图 G_d,而且已知新加入的约束条件 $a_{ij} \leqslant X_j - X_i \leqslant b_{ij}$ 中($0 \leqslant a_{ij} < b_{ij}$),即在约束图中 $w_{ij} = b_{ij}$,$w_{ji} = -a_{ij}$,所以由 $i \to j \to i$ 构成的回路的长度为 $b_{ij} - a_{ij} > 0$,因此所有前一步 G_d 中所有 d_{k0} 和 $d_{0k}(X_k \in V)$ 均不改变,且:

$$d_{0j} = d_{0i} + b_{ij}$$
$$d_{j0} = -a_{ij} + d_{i0}$$

$(3-16)$

第三种情况下,新加入的约束的两个顶点均是前一步求得的距离图 G_d 中的两个点,即没有新加入顶点,只是改变了相应两个顶点之间的约束关系,这样它必然影响所有经过这两个点的最短路径。在一次计算时需要重新计算一遍相关的点。

对于任务规划系统中时间约束网络可能出现的上述三种情况,我们没有必要浪费时间和精力来对第一、第二种情况进行过多的处理,仅需考虑第三种情况,并对其中相应受到影响的顶点进行考虑,从而减小了计算量。参考一些改进的最短路径算法[11],本文提出动态增量式时间约束网络算法。

3.6　基于时间约束网络任务规划算法及分析

对于任务规划系统,给定时间约束问题的网络描述,最常用的算法是 Floyd-Warshall 的每对顶点间的最短路径算法[12]。该算法结构简单、定义明确,可以很方便地对时间约束网络进行计算,从而由结论 3-4 确定网络中各个时间点的范围以及时间点之间的可能关系。根据结论 3-1,可以通过检查对角线元素 d_{ii} 的情况来确定网络的一致性。该算法的时间复杂性是 $O(n^3)$,其中 n 是顶点的个数。

Floyd-Warshall 的每对顶点间的最短路径算法对于静态的时间约束问题可以得到满意的解,但是对于任务规划系统而言,随着规划的进行,需要不断地加入活动或改变一些约束条件,从而导致时间约束网络的不断变化,每次改变都需要重新检查一遍网络的一致性,即重复一遍 Floyd-Warshall 算法,这样必然大大增加了算法的计算量。当任务规划系统中的活动很多(即约束网络中的顶点很多时),采用上述算法必将导致任务规划算法效率的降低。因此本章根据任务规划系统的特点提出了一种动态增量式算法。

3.6.1　动态增量式时间约束网络算法

根据前一节中对时间约束网络和任务规划过程中约束网络变化情况的分析,我们可以采用增量式递推的方法来计算时间约束问题的解,即当有新的活动加入时,仅仅计算与新增活动相关的一些时间变量的范围。该算法的输入是图 G_d 和新的约束 C_{ij}(C_{ij} 为 $a_{ij} \leqslant X_j - X_i \leqslant b_{ij}$),输出是网络是否一致和每个时间点的新的可能值区间。动态增量式算法如图 3-13 所示。

该算法对三种情况进行分别处理,前两种情况可以很容易得到,第三种情况由图 3-14 中所示的动态增量式子算法来实现的。

该动态算法的输入 $G_d = (V_d, E_d)$ 为上一步已经计算出的时间约束网络距离图(此时原点 X_0 到每一个顶点 X_k 的最短距离 d_{0k} 和 d_{k0} 求出),C_{ij} 为新增时间区间约束。算法的输出是最短距离数组 D 和 D^-,(D 用来记录原点到每个顶点的最短距离

Dynamic_Propagation$(G_d(V_d, E_d), C_{ij})$

判断新约束 C_{ij} 的两个顶点 (X_i, X_j) 是否属于已经计算的距离图 $G_d(V_d, E_d)$ 中的顶点

（1）如果两顶点中都不属于距离图 $G_d(V_d, E_d)$ 中的顶点，即 $X_i, X_j \notin V_d$，则：

$$d_{0i} = d_{i0} = d_{0j} = d_{j0} = \infty$$

（2）如果两顶点中有一个顶点（假设为 X_i）属于距离图 $G_d(V_d, E_d)$ 中的顶点，即 $X_i \in V_d$ 且 $X_j \notin V_d$，或 $X_i \notin V_d$ 且 $X_j \in V_d$，则：

$$d_{0j} = d_{0i} + b_{ij}, \text{ if } d_{0j} + d_{j0} < 0 \quad \text{then} \quad \text{exit(fail)}$$

$$d_{j0} = -a_{ij} + d_{i0}, \text{ if } d_{j0} + d_{0j} < 0 \quad \text{then} \quad \text{exit(fail)}$$

（3）如果两顶点中都属于距离图 $G_d(V_d, E_d)$ 中的顶点，即 $X_i, X_j \in V_d$，则：

调用子程序 **Propagation_Subprogram**$(G_d(V_d, E_d), C_{ij})$

图 3-13　时间约束网络规划算法

Fig.3-13　Incremental dynamic TCN algorithm of planning

Propagation_Subprogram$(G_d(V_d, E_d), C_{ij})$

算法输入：前一次计算的一致时间约束网络 G_d 和新加入的时间区间约束 C_{ij}。

算法输出：加入新的时间约束后的时间约束网络的一致性，如果时间约束网络一致，同时输出时间原点到每一个顶点的最短距离 D 和每一个顶点到时间原点的最短距离 D^-。

Step 1 初始化

将新加入约束的两个顶点放入队列 $Q \leftarrow i, j$

初始化时间约束网计算方向标志：$\text{FW}(i) = \text{BW}(i) = \text{FW}(j) = \text{BW}(j) = \textbf{True}$

Setp 2 选取队列的第一个元素 w 进行处理

Setp 3 进行前向计算

如果当前顶点的前向计算标志 $\text{FW}(w)$ 为真，则对该顶点的所有出边 $<w, v>$ 进行计算：

（1）判断 d_{ov} 是否受影响，即是否有 $d_{ow} + l_{wv} < d_{ov}$

（2）如果受到影响，则改变 d_{ov} 的值 $d_{ov} = d_{ow} + l_{wv}$

（3）判断时间约束网络的一致性，如果 $d_{ov} + d_{vo} < 0$，时间约束网络不一致，退出

（4）否则令 $\text{FW}(v) = \textbf{True}$

（5）如果顶点 v 不在队列 Q 中，则将其加入队列

Setp 4 进行后向计算

如果当前顶点的后向计算标志 $\text{BW}(w)$ 为真，则对该顶点的所有入边 $<v, w>$ 进行计算：

（1）判断 d_{vo} 是否受影响，即是否有 $d_{wo} + l_{vw} < d_{vo}$

（2）如果受到影响，则改变 d_{vo} 的值 $d_{vo} = d_{wo} + l_{vw}$

（3）判断时间约束网络的一致性，如果 $d_{ov} + d_{vo} < 0$，时间约束网络不一致，退出

（4）否则令 $\text{BW}(v) = \textbf{True}$

（5）如果顶点 v 不在队列 Q 中，则将其加入队列

Step 5 复位计算方向标志　$\text{BW}(w) = \textbf{False}$；$\text{FW}(w) = \textbf{False}$，删除 Q 的第一个元素

Setp 6 判断队列 Q 是否为空，如果不为空则跳转到 Step 2；否则输出结果 D 和 D^-

图 3-14　时间约束网络动态增量式子算法

Fig.3-14　Incremental dynamic sub algorithm of TCN

值 d_{0i}，D^- 用来记录每个顶点到原点的最短距离值 d_{i0}）。我们用一个队列 Q 来记录受到影响的顶点，用矩阵 L 来记录时间约束网络中边的权值，其中 l_{ij} 表示连接 i、j 两个顶点的边的权值。对于 G_d 中的一个顶点 X_i，$E_{\mathrm{Out}}(i)$ 定义为离开顶点 X_i 的边，离开该顶点的边的总数称为出度，$E_{\mathrm{In}}(i)$ 定义为到达顶点 X_i 的边，到达该顶点的边的总数称为入度。X_0 是 G_d 的参考顶点（时间原点），每一个顶点 $u \in V_d$，有两个标示 $FW(u)$ 和 $BW(u)$，用于区分图中计算的方向。

图中前一部分计算的是距离数组 D，后一部分计算的是距离数组 D^-。其中的 Step 3-（3）和 Step 4-（3）用于检测时间约束网络的一致性，根据结论 3-1 通过判断 $d_{ov}+d_{vo}<0$ 检测 G_d 中是否包括负环路，即检查新加入的约束是否与以前的时间约束网络相一致。动态增量式算法与 Floyd-Warshall 算法结果是等价的，通过图 3-13 和图 3-14 给出的算法，可以快速地获得时间约束网络是否一致和各个时间点的范围 $[-d_{0i}, d_{i0}]$，从而可以得到任务规划系统中各个活动是否与系统中已有的活动相容，以及各个活动的开始时间、结束时间的范围。

3.6.2　动态增量式时间约束网络算法时间复杂性分析

本节对基于时间约束网络动态增量式任务规划算法的时间复杂性进行分析。动态增量式任务规划算法的时间复杂性在最坏情况下是 $O(en)$，其中 e 是时间约束距离图 G_d 中的边的数目，n 是 G_d 中顶点的数目。

说明：动态增量式算法是在前一步求解最短距离图 G_d 的基础上，对加入的约束进行计算。如果是加入的约束相关的顶点中没有或有一个顶点是原 G_d 图中的，则可以直接给出相应的最短距离，如算法（图 3-13）中的第一步和第二步。算法的复杂性主要体现在算法的第三步，即新加入的约束中两个顶点均是原 G_d 图中的顶点。该算法采用一个队列存储受影响的顶点，并对其进行一一处理。第三步调用的子算法（图 3-14）主要分为两部分：第一部分对顶点发出的各个边进行了计算；第二部分是对顶点进入的各个边进行了计算。前一部分的计算量与顶点的出度有关，后一部分的计算量与顶点的入度有关。对于一个图，其出度和入度分别为：

图的出度：$\mathrm{OD}(i) = \sum\limits_{j=0}^{n-1} A.\mathrm{Edge}[i][j]$

图的入度：$\mathrm{ID}(j) = \sum\limits_{i=0}^{n-1} A.\mathrm{Edge}[i][j]$

式中，$A.\mathrm{Edge}[i][j] = \begin{cases} 1 & \text{if } <i,j> \in E \\ 0 & \text{otherwise} \end{cases}$，$<i,j>$ 为有向图顶点 i 到 j 的一条边。

在最坏的情况下，图 3-14 算法中 Step3-（3）中的条件 $d_{ow}+l_{wv}<d_{ov}$ 总是成立，即新加入的约束改变了所有 $E_{\mathrm{Out}}(w)$ 中出边的另外一个顶点的最短距离。另外根据图论知识知道，一个图的所有顶点的出度之和是图的边数 e，所以算法的前一部分渐进复杂性为 $O(e)$。同样，在最坏情况下，图 3-14 中的 Step4-（3）中的条件 $d_{wo}+l_{vw}<d_{vo}$

总是成立,即新加入的约束改变了所有 $E_{\mathrm{In}}(w)$ 中入边的另外一个顶点的最短距离,所有的入度之和也等于图的边数 e,所以算法的后一部分渐进复杂性也为 $O(e)$。因此对于队列中的每一个顶点,在最坏的情况下求解与其相关的顶点的渐进时间复杂性为 $O(e)$。如果在规划过程中加入的顶点数有 n 个,则总的计算时间约束网络的时间复杂性在最坏的情况下是 $O(ne)$。

在实际应用中,所构造的时间约束图,并不是每对时间点之间都存在约束,而是一个稀疏图,即有 $e \ll n^2$,则时间约束网络的动态增量式算法优于 Floyd-Warshall 的每对顶点间的最短路径算法。而且在实际的应用中,新加入的约束并不会总影响所有顶点的最短距离,只有少部分与加入顶点紧密相连的顶点才会受到影响,因此实际计算速度应该更快。

3.6.3　算法实验与结果分析

针对与时间相关的任务规划系统,考虑其中活动之间的时间约束关系,将其描述为时间约束网络,并求解网络的一致性和各个时间点的可能范围。本章设计了针对该类问题的一个实验:利用计算机随机产生一定连通概率的一组数据,分别采用 Floyd-Warshall 算法和本文设计的动态增量式算法对不同网络顶点数目的情况进行实验分析。实验环境为:Intel 奔腾 4 CPU(1.7 GHz),Windows XP 操作系统,SUN 公司提供的 Java 语言开发标准版 1.4.0(J2SDK-1.4.0)。

实验所得数据如表 3-3 至表 3-5 所示。主要记录了网络规模和对应连通概率下计算时间约束网络所用 CPU 时间。为了进行分析,我们将下面几组数据图形化显示:Floyd-Warshall 算法在连通概率和顶点数目变化时的计算所用 CPU 时间情况[图 3-15(a)],动态增量式算法在连通概率和顶点数目变化时的计算所用 CPU 时间情况[图 3-15(b)],Floyd-Warshall 算法和动态增量式算法在连通概率为 0.7(cp=0.7)时计算所用 CPU 时间随顶点数目变化的情况[图 3-16(a)],Floyd-Warshall 算法和动态增量式算法在顶点数为 90(n=90)时计算所用 CPU 时间随连通概率变化的情况[图 3-16(b)]。

表 3-3　连通概率为 0.2(cp=0.2)时两种算法在不同顶点数目时计算所用 CPU 时间
Table 3-3　CPU time needed by the two algorithms with different node number at cp=0.2

单位:ms

算法类型	顶点数目							
	30	40	50	60	70	80	90	100
Floyd-Warshall	109	422	1 453	3 937	8 515	16 579	30 734	53 937
动态增量式算法	16	31	31	94	110	265	344	609

表 3-4　连通概率为 0.3（cp = 0.3）时两种算法在不同顶点数目时计算所用 CPU 时间

Table 3-4　CPU time needed by the two algorithms with different node number at cp = 0.3

单位：ms

算法类型	顶点数目							
	30	40	50	60	70	80	90	100
Floyd-Warshall	125	547	1 703	4 312	9 297	18 813	33 422	56 656
动态增量式算法	15	31	78	156	264	562	797	1 203

表 3-5　连通概率为 0.5（cp = 0.5）时两种算法在不同顶点数目时计算所用 CPU 时间

Table 3-5　CPU time needed by the two algorithms with different node number at cp = 0.5

单位：ms

算法类型	顶点数目							
	30	40	50	60	70	80	90	100
Floyd-Warshall	140	578	1 813	4 719	9 953	20 344	35 734	63 938
动态增量式算法	32	63	141	391	875	1 562	2 266	3 125

表 3-6　连通概率为 0.7（cp = 0.7）时两种算法在不同顶点数目时计算所用 CPU 时间

Table 3-6　CPU time needed by the two algorithms with different node number at cp = 0.7

单位：ms

算法类型	顶点数目							
	30	40	50	60	70	80	90	100
Floyd-Warshall	141	594	1 891	5 266	10 625	20 641	35 813	60 719
动态增量式算法	32	93	296	750	1 391	2 016	2 906	5 344

从计算结果我们可以发现，在时间约束网络顶点比较少的情况下，动态增量式算法计算所用时间与 Floyd-Warshall 算法相当[图 3-15（a）]，这是因为动态增量式算法记录了许多相关数据，并在算法中进行了对应的处理，而 Floyd-Warshall 算法简单明了，没有额外的信息需要处理，所以在时间约束图中顶点比较少的情况下并不能够显示动态增量式算法的优点。但随着顶点数增加，动态增量式算法的优势越来越明显（图 3-16）。另外，在实际情况中动态增量式算法还与图中边的数量有关，而且新加入的约束并不一定影响前一步计算的所有的最短距离，因此，实际中的动态增量式算法比理论上的计算速度还要快很多，从图 3-15 和图 3-16 也可以看出。

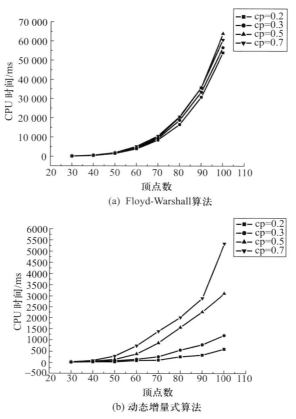

(a) Floyd-Warshall算法

(b) 动态增量式算法

图 3-15　Floyd-Warshall 算法和动态增量式算法在连通概率和顶点数变化时所用时间

Fig.3-15　CPU time needed of the Floyd-Warshall algorithm and incremental dynamic

algorithm with the variation of number of nodes and connection probability

3.7　本 章 小 结

　　本章给出任务规划过程中时间信息的描述和时间约束网络表示方法,在分析任务规划过程中时间约束网络动态变化的特点的基础上,提出了一种基于时间约束网络的动态增量式算法。与传统采用的计算最短路径 Floyd-Warshall 方法求解时间约束网络的方法不同,该算法只需计算受到新增约束影响的相邻局部网络,同时分析算法的最坏时间复杂性为 $O(en)$。最后进行了算法实验验证,结果表明该算法可以快速判断约束网络的一致性并快速计算每个活动的开始时间、结束时间的可能取值区间。

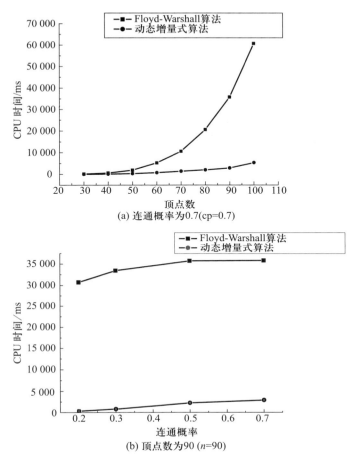

图 3-16　连通概率为 0.7（cp=0.7）和顶点数为 90（n=90）时 Floyd-Warshall 算法及动态
增量式算法所用 CPU 时间对比

Fig.3-16　CPU time needed of the Floyd-Warshall algorithm and incremental dynamic algorithm
at cp=0.7 and n=90

参 考 文 献

［1］ BADALONI S, BERATI M. Hybrid temporal reasoning for planning and scheduling［C］//
International Workshop on Temporal Representation and Reasoning. IEEE, 2002:39.

［2］ SUSAN V. Vrbsky, Sasa Tomic. Satisfying temporal consistency constraints of real-time databases
［J］. Journal of Systems and Software, 1999, 45(1): 45-60.

［3］ WEISSER P J, COCHRAN S. Modeling temporal relations in task hierarchies for job
shopscheduling［J］. Computer Integrated Manufacturing Proceedings of Rensselaers Second

International Conf, 1990:39-46.

[4] 陈恩红, 薛瀚宏. 基于约束满足的 Job-Shop 调度问题求解方法研究[J]. 软件学报, 1998
     (12):946-948.

[5] SCHWALB E, VILA L. Temporal constraints: a survey[J]. Constraints, 1998, 3(2-3):
     129-149.

[6] SCHWALB E, DECHTER R. Processing disjunctions in temporal constraint networks[J]. Artificial
     Intelligence, 1997, 93(1-2):29-61.

[7] NEBEL B, BÜRCKERT H. Reasoning about temporal relations: a maximal tractable subclass of
     Allen's interval algebra[J]. Journal of the Acm, 1995, 42(1):43-66.

[8] 魏紫銮, 吴力. 计算线性不等式组可行解的方法[J]. 数值计算与计算机应用, 1992, 13(1):
     65-72.

[9] 卢新明. 求解线性规划的近似牛顿法[J]. 数值计算与计算机应用, 1994, 15(2):93-105.

[10] LI Z Y, XU Y, CUI P Y, et al. Geometry-based propagation of temporal constraints[J].
     Information Systems Frontiers, 2017, 19(4):855-868.

[11] 段凡丁. 关于最短路径的 SPFA 快速算法[J]. 西南交通大学学报, 1994, 29(2):207-212.

[12] ZWICK U. All pairs shortest paths in weighted directed graphs-exact and almost exact algorithms
     [J]. Foundations of Computer Science Annual Symposium on, 1998, 4(3):310-319.

第4章 规划过程中的资源约束处理方法

4.1 引　　言

航天器在进行任务规划时,需要对相关的资源约束进行处理,保证航天器工作时的安全性和可靠性[1]。由于航天器的星上资源十分有限,在规划过程中不仅需要考虑动作使用资源的数量,还需要考虑航天器多个子系统的并行使用资源时,资源总量是否能够满足需求,这就使资源约束问题更加复杂。航天器在实际工作中处理资源约束时,为了满足系统的实时性需求,需要高效的资源约束处理方法。此外,考虑到动作执行过程受到外界环境的干扰,通过动态分配动作使用资源的数值,可以对扰动做出动态响应,这需要使资源数值具有可分配性。本章结合航天器规划中资源约束的特点,研究了资源约束的处理方法和可分配性条件,建立了基于时间拓扑的资源约束处理方法[2]。

4.2 航天器任务规划中的资源约束问题

4.2.1 资源约束模型

在实际工作过程时,航天器执行的动作不仅需要占用一定的时间,还需要使用各种资源,如推进剂、电源、存储器等。这需要在规划中对资源约束进行处理。资源是对规划对象中能源和可用设备的描述,它是完成动作时需要用到的。资源可以根据如下特点进行分类:资源可用容量大小(单容量和多容量)、可同时使用资源的动作数量(单用户和多用户)、资源消耗与生产的关系(可再生和不可再生)。资源还可以根据取值是否连续进行分类,离散资源的容量取值是离散的,如航天器上可以由各子系统同时使用的科学仪器,而连续资源的容量取值可以连续变化,如航天器上推进系统的燃料和存储系统的内存容量等[2-4]。资源的定义如下:

定义 4-1　资源是指规划问题中规划动作能够使用的能源对象或仪器设备,表示为一个三元组 $R = <N,T,Q>$,其中 N 是资源的名字,T 为资源的类型,Q 表示资源的容量。

处理航天器中的资源时,可以将其分为可重复资源和消耗性资源。可重复资源在规划动作执行时被占用,每个动作可以占用不同数量的资源。当动作执行完成或中断时,占用的资源被释放,因此该类资源不需要进行补充,例如星上总线带宽、电源系统提供的总功率。可重复资源一般是瞬时变化的,图 4-1 给出了规划执行过程中可重复资源数量的变化情况。

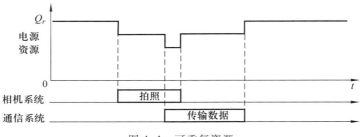

图 4-1　可重复资源

Fig.4-1　Renewable resources

在图 4-1 中,当相机系统开始拍照和通信系统开始传输数据后,都将在电源系统中占用一定功率的电能,并且在动作完成后自动恢复。

消耗性资源与可重复资源的区别在于:消耗性资源在被使用时可用容量减少,并且不会自动恢复。在有些情况下,消耗性资源可以通过生产性动作进行补充,如太阳能电池充电、存储器下传数据等;而有些消耗性资源无法得到补充,如航天器推进系统消耗的燃料等。消耗性资源的变化可能是瞬时的或连续的,图 4-2 给出了规划执行过程中消耗性资源数量的变化情况。

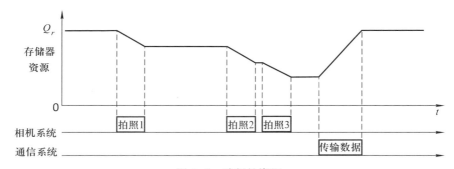

图 4-2　消耗性资源

Fig.4-2　Depletable resources

在图 4-2 中,随着相机系统不断进行拍照活动,并将拍摄成像存储在存储器中,存储器资源不断被消耗,资源余量不断变化。当航天器执行向地面传输存储器数据的活动时,存储器将所有照片传输给地面系统,并且存储器可用资源余量恢复至最大容量。

随着规划动作的执行,资源可用的余量也将随之变化。规划系统在满足所有动作资源约束的同时,还需要保证整个系统使用该资源的总和不能超过该种资源数量的上限。因此,需要对规划过程中的资源变化进行处理,计算所有规划动作使用资源的数量。当使用资源的数量超过资源最大容量时,可以得出这个规划结果中资源约束无法满足,为了生成可行的规划结果,规划系统可以将优先级较低的规划动作延后或取消,从而满足资源约束的需求。

在航天器进行连续任务规划的过程中,自主规划系统每执行一次规划,产生一个中间规划结果,即包含顺序约束的动作集合。为了验证规划结果的有效性,在每步规划完成后计算资源的使用数值,保证规划过程中的动作序列成功执行。本章中讨论资源约束时,假定规划结果中时间取值已经满足所有时间约束。

下面给出规划结果处理过程中的相关定义。

定义 4-2 规划结果定义为包含一组有限个动作的动作集:

$$A = \{a_1, a_2, \cdots, a_i, \cdots, a_n\} \tag{4-1}$$

式中,a_i 为规划结果中包含的动作,动作间根据执行条件的要求具有逻辑顺序,航天器根据规划结果中的逻辑顺序约束执行动作。

动作 a_i 可以描述为动作所受约束的集合:

$$a_i = \{t_i, r_1^c, \cdots, r_j^c, \cdots\} \tag{4-2}$$

式中,t_i 为执行动作 a_i 的时间区间,代表动作所受的时间约束,且 $t_i \in [t_i^s, t_i^e]$,t_i^s、t_i^e 分别为动作 a_i 执行的开始时间和结束时间;r_j^c 代表动作所受的资源约束。一个动作 a_i 可同时受到多个资源约束的影响。

定义 4-3 资源约束定义为动作执行时需求的资源,表示如下式:

$$r_j^c = <a_i, r, \Delta q_r> \tag{4-3}$$

式中,a_i 为动作;r 为动作 a_i 需求的资源变量。令资源 r 的数量为 q_r,Q_r 为资源的最大数量,资源数量须满足 $q_r \in [0, Q_r]$,Δq_r 则为动作 a_i 执行后资源 r 数量的改变量。动作 a_i 消耗资源时,$\Delta q_r < 0$;生产资源时,$\Delta q_r > 0$。

为了统一处理可重复资源和消耗性资源,假设资源数量只在 t_i^s 或 t_i^e 时刻发生瞬时改变。定义时刻为 t 时,资源数量 q_r 的取值范围为 $q_r(t) \in [q_{r,\min}(t), q_{r,\max}(t)]$,其中 $q_{r,\min}(t)$ 和 $q_{r,\max}(t)$ 分别为 q_r 的下限和上限。

在任务规划中,考虑如下假设:

(1) 执行一次规划后,产生规划结果 A,其执行时间范围为 T;

(2) A 中时间取值已经满足所有动作的时间约束;

(3) A 中资源的数量只在任一动作的开始时刻 t_i^s 或结束时刻 t_i^e 发生瞬时改变。

定义资源约束问题如下:

在 T 内任意时刻 t 时,系统中任一资源 r_j 的数量 $q_{r_j}(t)$ 均满足 $q_{r_j}(t) \in [0, Q_{r_j}]$。

若存在 $q_{r_j}(t) \in [0, Q_{r_j}]$ 不成立的时刻,则分析该时刻规划的执行情况,得出资源约束未满足的动作,并在后续规划过程中作为缺陷进行解决;若在 T 内任意时刻,$q_{r_j}(t) \in [0, Q_{r_j}]$ 均成立,则 A 中所有资源约束均得到满足。

4.2.2　资源约束网络模型

假设动作所需资源 r 的数量 q, 只在动作的开始时刻 t_a^s 或结束时刻 t_a^e 发生瞬时改变, 可将每次资源数量的改变描述为一次资源突变, q_r 在时间范围 T 上表示为分段常量函数。

根据资源突变之间的时间关系, 将规划结果中的资源约束全部表示为资源突变后, 可以建立资源约束网络模型, 表述所有规划结果中的资源约束。

定义 4-4　资源突变定义为资源数量的瞬时改变, 表示为:

$$\delta = \ <t_\delta, \Delta q_{r,\delta}> \qquad (4-4)$$

式中, t_δ 为资源突变发生的时间, 取值范围为 $t_\delta \in [t_\delta^s, t_\delta^e]$, t_δ^s 和 t_δ^e 分别为执行时间取值范围的下限和上限; $\Delta q_{r,\delta}$ 为资源突变对资源数量的改变值。

在动作 a_i 开始和结束时, 资源 r 的瞬时突变分别表示为资源突变 δ^s 和 δ^e, 则动作集 A 中的资源约束可表示为资源突变的集合:

$$\delta_A = \{\delta_1^s, \delta_1^e, \cdots, \delta_i^s, \delta_i^e, \cdots, \delta_n^s, \delta_n^e\} \qquad (4-5)$$

定义 4-5(资源约束网络)　规划结果中的资源约束可表示为带权有向图 $G_R = (V_R, E_R)$, 定义 G_R 为资源约束网络。

在 G_R 中, V_R 是网络顶点的集合, 表示规划结果中的资源突变。V_R 包括所有表示资源突变 δ 的顶点 v, 并增加了源点 σ 和汇点 τ, 分别表示资源的生产和消耗。对表示资源突变的顶点, 根据对资源数量 δ 的改变情况 v, 可以分为以下两类:

(1) 生产点 V_P: 该点表示的 δ 对资源进行生产, 即资源数量改变值 $\Delta q_{r,\delta} > 0$, 存在与源点 σ 相连的边;

(2) 消耗点 V_C: 该点表示的 δ 对资源进行消耗, 即资源数量改变值 $\Delta q_{r,\delta} < 0$, 存在与汇点 τ 相连的边。

E_R 是网络边的集合, 表示资源突变间执行时间的关系或资源改变量, 根据端点的不同, 可以分为以下三类:

(1) 内部边 $E_I = (v_i, v_j)$: 表示资源突变 δ_i 和 δ_j 的时间关系为 $t_{\delta_i} \geqslant t_{\delta_j}$, E_I 从执行时间晚的 δ_i 指向执行时间早的 δ_j, 边上的权值为:

$$C(v_i, v_j) = +\infty \qquad (4-6)$$

(2) 生产边 $E_P = (\sigma, v_i)$: 表示执行资源突变 δ_i 时生产资源, 即 $\Delta q_{r,\delta_i} > 0$, 边上的权值为:

$$C(\sigma, v_i) = \Delta q_{r,\delta_i} \qquad (4-7)$$

(3) 消耗边 $E_C = (v_i, \tau)$: 表示执行资源突变 δ_i 时消耗资源, 即 $\Delta q_{r,\delta_i} < 0$, 边上的权值为:

$$C(v_i, \tau) = -\Delta q_{r,\delta_i} \qquad (4-8)$$

根据上述方法, 规划结果中的资源约束可以表示为资源约束网络 $G_R = (V_R, E_R)$,

包括了资源约束的时间关系和资源使用情况。如图 4-3 的资源约束网络表示了包含动作集 A 的规划结果中的资源约束,其中动作集 $A = \{a_1, a_2, a_3\}$,每个动作表示为两个资源突变点。根据执行动作时的时间顺序,资源突变点在纵向从上向下分布。

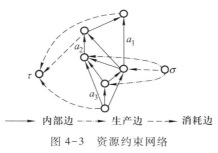

$$\longrightarrow \text{内部边} \quad --\rightarrow \text{生产边} \quad ---\rightarrow \text{消耗边}$$

图 4-3 资源约束网络

Fig.4.3 Resource constraint network

4.3 资源约束处理方法

4.3.1 资源约束网络的最大流算法

本节将求解资源数值转化为网络最大流问题[5]。在规划结果执行时,系统依据时间约束的顺序执行动作,并根据动作的资源约束,对资源数量做出相应改变。

规划结果在时间范围 T 内执行。在时刻 t 时,根据资源突变的执行时间与当前时刻 t 的关系,可将 δ_A 中的资源突变分为三部分:已发生突变 δ_A^C、待发生突变 δ_A^P 和未发生突变 δ_A^U。

$$\delta_A = \delta_A^C \cup \delta_A^P \cup \delta_A^U \tag{4-9}$$

下面分析各部分资源突变对时刻资源数量 $q_r(t)$ 的影响。

（1）已发生突变 δ_A^C:包括所有已经执行的资源突变 δ^C,其执行时间区间在 t 之前结束:

$$\delta_A^C = \{\delta^C \mid t \geq t_{\delta^C}^e\} \tag{4-10}$$

对资源数量的改变值表示为:

$$q_{r,\delta_A^C}(t) = \sum_{\delta^C \in \delta_A^C} \Delta q_{r,\delta^C}(t) \tag{4-11}$$

（2）待发生突变 δ_A^P:包括所有可在当前时刻执行的资源突变 δ^P,其执行时间区间包括当前时刻 t:

$$\delta_A^P = \{\delta^P \mid t_{\delta^P}^s \leq t \leq t_{\delta^P}^e\} \tag{4-12}$$

计算 $q_{r,\max}(t)$ 时,定义所有增加资源数量的突变集合为 $\delta_A^{P+} = \{\delta^P \mid \Delta q_{r,\delta^P} > 0\}$。只考虑 δ_A^{P+} 部分,可以得到 δ_A^P 对资源数量改变的最大值。同理可计算出 $q_{r,\min}(t)$。对资源数量的改变值表示为:

$$q_{r,\delta_A^{\mathrm{P}}}(t) = \sum_{\delta^{\mathrm{P}} \in \delta_A^{\mathrm{P}+}} \Delta q_{r,\delta^{\mathrm{P}}}(t) \qquad (4-13)$$

图 4-3 所表示动作集中的待发生突变部分 δ_A^{P}，可表示为如图 4-4 所示的资源约束增量网络 $G_{\Delta R}$。

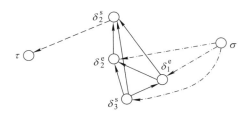

图 4-4　资源约束增量网络 $G_{\Delta R}$

Fig.4-4　Resource constraint incremental network $G_{\Delta R}$

（3）未发生突变 δ_A^{U}：包括所有尚未执行的资源突变 δ^{U}，其执行时间在 t 之后：

$$\delta_A^{\mathrm{U}} = \{ \delta^{\mathrm{U}} \mid t \leqslant t_{\delta^{\mathrm{U}}}^{\mathrm{s}} \} \qquad (4-14)$$

对资源数量的改变值表示为：

$$q_{r,\delta_A^{\mathrm{U}}}(t) = 0 \qquad (4-15)$$

根据以上对资源突变各部分的分析，t 时刻资源数量的改变值可由式（4-16）得出：

$$
\begin{aligned}
q_r(t) &= q_{r,\delta_A^{\mathrm{C}}}(t) + q_{r,\delta_A^{\mathrm{P}}}(t) + q_{r,\delta_A^{\mathrm{U}}}(t) \\
&= \sum_{\delta^{\mathrm{C}} \in \delta_A^{\mathrm{C}}} \Delta q_{r,\delta^{\mathrm{C}}}(t) + \sum_{\delta^{\mathrm{P}} \in \delta_A^{\mathrm{P}+}} \Delta q_{r,\delta^{\mathrm{P}}}(t)
\end{aligned} \qquad (4-16)
$$

随着执行时间 t 的增加，规划结果中的动作执行结束，各部分资源突变集也发生相应的变化。

在未发生突变 δ_A^{U} 中，将要开始执行的资源突变进入待发生突变 δ_A^{P}，改变部分可表示为 $\Delta\delta_A^{\mathrm{C}} = \delta_A^{\mathrm{P}}(t-1) - \delta_A^{\mathrm{P}}(t-1) \cap \delta_A^{\mathrm{P}}(t)$，对资源数量的改变值表示为：

$$\Delta q_{r,\delta_A^{\mathrm{C}}}(t) = \sum_{\delta^{\mathrm{C}} \in \Delta\delta_A^{\mathrm{C}}} \Delta q_{r,\delta^{\mathrm{C}}}(t) \qquad (4-17)$$

在待发生突变 δ_A^{P} 中，执行结束的资源突变进入已发生突变 δ_A^{C}，改变部分可表示为资源约束增量网络 $G_{\Delta R}$ 中顶点与边的变化。

$q_{r,\delta_A^{\mathrm{P}}}(t)$ 的改变量可以通过求解 $G_{\Delta R}$ 的最大流值问题获得。对网络 $G_{\Delta R}$，以每条边的权值作为边的容量，求出 $G_{\Delta R}$ 达到最大流时的流量，即是 $q_{r,\delta_A^{\mathrm{P}}}(t)$ 的改变量。如式（4-18）所示，其中 $f_{\max}(G_{\Delta R})$ 为 $G_{\Delta R}$ 达到最大流时的流量：

$$\Delta q_{r,\delta_A^{\mathrm{P}}}(t) = f_{\max}(G_{\Delta R}) \qquad (4-18)$$

4.3.2　资源突变的时间拓扑排序方法

处理规划结果中的资源约束，需要求解资源约束网络的最大流。求解最大流问题的常用算法有增广路方法和预流推进方法,计算流程分别如图 4-5、图 4-6 所示。

图 4-5 中的增广路方法以增广路为单位进行流量推进,结构简单、目标明确,可以直观方便地处理资源约束网络,但该算法的时间复杂度为 $O(nmU)$,其中 n 为顶点的个数、m 是边的个数、U 是所有边上的最大权值。Dinic 算法对基本增广路方法进行改进,每一步用宽度优先搜索算法对网络进行分层标号,然后用深度优先搜索算法寻找增广路,可将时间复杂度降低至 $O(n^2m)$。

增广路方法(G,s,t)

1) initialize flow f to 0
2) **while** there exists an augmenting path p
3)   **do** augment flow f along p
4) **return** f

图 4-5　最大流问题的增广路方法

Fig.4-5　Augmenting path method for Maxflow problem

预流推进方法(G)

1) Initialize-Preflow(G,s)
2) **while** there exists an applicable
     push or relabel operation
3)   **do** select an applicable push
     or relabel operation and perform it

图 4-6　最大流问题的预流推进方法

Fig.4-6　Preflow push method for Maxflow problem

图 4-6 中的预流推进方法以顶点为单位进行流量推进,有着更为良好的时间复杂度 $O(n^2m)$,其中 n 为顶点的个数、m 为边的个数。Relabel-to-Front 算法改进了基本的预流推进算法,通过优化选择推进顶点的过程,将时间复杂度降低至 $O(n^3)$。

4.4　航天器资源约束的可分配性条件

4.4.1　规划中资源约束的可分配性条件

航天器执行动作时,受到环境的不确定性及扰动的影响,规划动作不是完全可控的,因此资源相关动作之间的关系也将受到实际执行过程的影响,在资源约束不满足时,将导致规划失效。为了使航天器规划结果能够正确执行,规划结果需要能够对扰动做出动态响应,根据航天器执行情况的反馈,调整动作的执行时间。在规划执行时确定动作的资源改变量的方法称为资源的可分配处理,需要在处理规划动作的约束时,判定资源约束的可分配性[6]。

在确定性的规划结果中,资源约束的值为固定的值或区间。在执行规划动作时,动作将根据给定的值或从给定区间中选择合适的值作为资源变化量。但在保证事先给定的资源值或区间满足资源约束时,航天器资源未必能够得到充分利用。通过选择合适的资源分配方法,在执行规划结果的过程中动态调整资源突变的数量,可以更加灵活地利用资源。参考消耗性资源的相关概念,资源的可分配性定义如下。

定义 4-6(资源的可分配性)　在资源约束网络实例化的过程中,当任意一个资源突变在给定范围中取任意值时,都能对所有资源突变给定一组值,使所有的资源约束得到满足,则称该资源是可分配的。

下面对资源的可分配性条件进行讨论。当所有资源突变的上限总和小于资源总量时,则任意一组值都必然满足所有资源约束,如式(4-19)所示,其中的 G_R 包括了规划结果中的所有动作:

$$\sum \Delta q_{r,\mathrm{ub}} = f_{\max}(G_R) \leqslant Q_r \qquad (4-19)$$

式(4-19)表明了统计从 0 时刻开始规划结果中的所有活动,资源突变值的区间上限的总和小于资源总量。若在开始规划时资源已被占用了一部分,则式(4-19)须调整为式(4-20),其中的 G_R 包括了规划结果中的所有动作:

$$\sum \Delta q_{r,\mathrm{ub}} = f_{\max}(G_R) \leqslant Q_r - Q_{r,\mathrm{init}} \qquad (4-20)$$

式(4-20)的条件虽然必然满足可分配性,但过于严格,若所有资源突变中的某一突变仅可取某一个特定值时,其他突变取任意值仍可满足所有资源约束,则此时可分配性仍能得到满足,且此特定值必为该资源突变的范围下限,如式(4-21)所示,其中的 G_R 包括了规划结果中除了最后一个动作的所有动作:

$$\Delta q_{r,\mathrm{lb}} + \sum_{i=1}^{k-1} \Delta q_{r,\mathrm{ub}} = \Delta q_{r,\mathrm{lb}} + f_{\max}(G_R) \leqslant Q_r - Q_{r,\mathrm{init}} \qquad (4-21)$$

式(4-21)成立时,若取范围下限的资源突变在执行时间上是最后一个动作,则在规划执行过程中,无论前面的动作取区间内的任何值,都能满足可分配性。

通过分析资源约束网络对应的时间约束网络中各动作的时间关系,可以获得动作的时间拓扑顺序。本章将资源变化都视为瞬时发生的,因此不需要考虑资源突变与动作时间长度的关系,可以将整个规划结果的资源突变统一采用式(4-20)进行检验,并根据时间关系确定可能在最后一个执行的动作有哪些。

4.4.2　时间拓扑排序的资源约束分配方法

由于资源的变化与时间值没有直接关系,只与时间顺序有关,因此在分析资源数量变化时可以不考虑动作的时间值及时间长度。根据式(4-20)可得,若在最后一个动作之前的资源突变未达到区间上限,则可将其未使用完的资源在最后一次资源突变时使用掉,以免其仅使用了等于区间下限的资源,可表示为式(4-22),其中的 G_R 包括了规划结果中除了最后一个动作的所有动作:

$$\Delta q_{r,\mathrm{lb}} + \sum_{i=1}^{k-1} \Delta q_{r,\mathrm{ub}} = \sum_{i=1}^{k-1} \Delta q_r + \Delta q_{r,\mathrm{lb}} + \sum_{i=1}^{k-1} (\Delta q_{r,\mathrm{ub}} - \Delta q_r)$$

$$= \sum_{i=1}^{k-1} \Delta q_r + \left(\Delta q_{r,\mathrm{lb}} + F_\mathrm{M}(G_R) - \sum_{i=1}^{k-1} \Delta q_r \right) \quad (4-22)$$

$$\leqslant Q_r - Q_{r,init}$$

当在规划执行过程中,前面动作执行时的资源改变量为 Δq_r 时,将最后一次资源突变的值取为 $\Delta q_{r,\mathrm{lb}} + f_{\max}(G_R) - \sum_{i=1}^{k-1} \Delta q_r$,资源约束仍然可以得到充分满足。

若在规划中,除了基本的资源约束 $q_r \in [0, Q_r]$,还定义了其他的约束,则可截取需满足该资源约束的相关动作,作为单独的动作集合进行讨论。在单独讨论的动作集合中,通过将需满足的资源约束定义为临时资源上限 Q_r^*,使用式(4-21)检验可分配性并根据式(4-22)分配资源,仍然可以满足规划动作中资源的可分配性。

根据上述讨论,可以给出可分配资源的执行算法如图4-7所示。

---

(1) 根据规划结果中需满足的资源约束的时间范围,对规划中的动作进行分段;
(2) 对每段规划动作集合,设定其临时资源上限 Q_r^* 为需满足的资源约束值。若无需满足的资源约束,则采用原有的资源上限;
(3) 根据式(4-20)对分段的规划动作集合,检验其可分配性需求;
(4) 开始执行规划中的动作,当未执行到某段动作集合的最后一个动作时,从资源对应区间中选择任意值作为执行时的资源变化量;
(5) 当执行到某段动作集合的最后一个动作时,根据式(4-21)确定该动作的资源变化量

图4-7 可分配资源的执行算法

Fig.4-7 Algorithm on distributable resources

在如图4-7所示的算法中,输入数据为规划结果中的动作集合以及动作集合的执行时间和需满足的资源约束。执行过程中动作的时间值可由可分配的规划执行算法生成,本文不作讨论。与资源变化量的值仅有各动作执行时的顺序。最终可生成各资源突变的资源变化量。

4.5 仿 真 算 例

为了验证TTS算法的有效性,本节根据航天器任务规划的特点,设计了计算资源约束网络的算例,并将TTS算法的计算结果与Dinic算法和Relabel-to-Front算法进行了比较。算例中描述了具有8个子系统的航天器,规划结果的动作集分布在各

子系统时间线上,各项参数如下:

规划结果中动作集的执行时间 $T \in [0, 200]$,包含的动作总数 $n \in [50, 100]$,使用的资源有电池和存储器,电池电量 $q_{r_1} \in [0, 400]$,存储器容量 $q_{r_2} \in [0, 2\,000]$。在初始时刻 $t = 0$ 时,电池电量 $q_{r_1}(0) = 300$,存储器容量 $q_{r_2}(0) = 2\,000$。规划结果生成的资源约束网络的连通概率 $\mathrm{cp} \in [0.1, 0.6]$,该参数表示航天器系统中动作的并行情况。

当 $n = 50$, $\mathrm{cp} = 0.1$ 时,生成算例的规划结果中资源约束处理的结果如图 4−8、

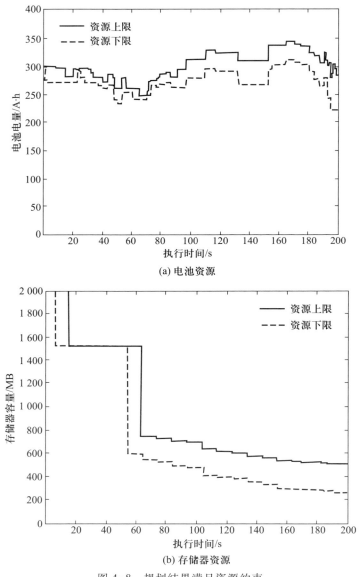

(a) 电池资源

(b) 存储器资源

图 4−8　规划结果满足资源约束

Fig.4−8　Planning results with satisfied resource constraints

图 4-9 中所示。图 4-8 表示了规划结果的资源约束均满足时,资源数量随时间的变化情况。可以看出,在执行规划结果时,电池资源和存储器资源的余量始终保持在资源取值范围内,规划结果的资源约束得到满足。

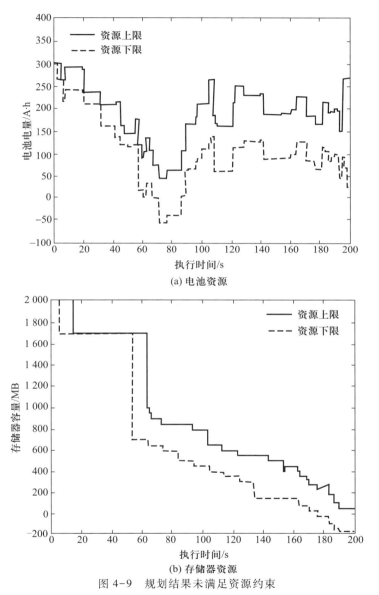

(a) 电池资源

(b) 存储器资源

图 4-9　规划结果未满足资源约束

Fig.4-9　Planning results with unsatisfied resource constraints

图 4-9 所示为规划结果的资源约束未满足时的情况。由图 4-9(a)所示,规划执行到 $t \in [66, 86]$ 时,电池资源可能为负值,规划结果的资源约束不能得到满足,规

划系统产生缺陷信息。在后续的规划过程中,需要重新设置在 $t \in [66, 86]$ 内的动作的执行时间,避免在各个子系统中同时执行消耗资源的动作;或在该时段前加入生产电池资源的动作,满足后续动作的需求。

　　同样由图 4-9(b)所示可以看出,在 $t \in [176, 200]$ 时,存储器资源可能为负值,在后续的规划过程中,可以通过加入数据下传动作,释放存储器资源,解决规划结果中的缺陷。对于其他类型的资源(如推进剂等),同样可以由本文算法在规划过程中进行处理。

　　下面对比下使用不同算法时的计算速度,检验算法的效率。当规划结果中动作总数 n 保持不变时,各算法计算时间如图 4-10 所示。

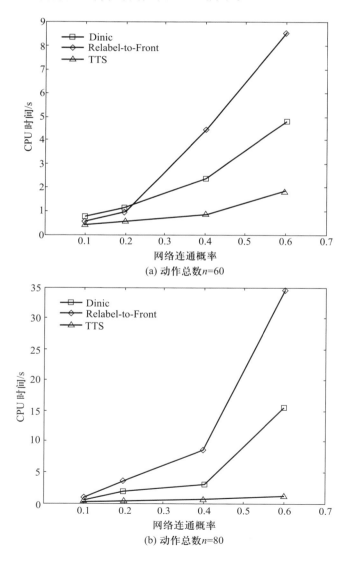

(a) 动作总数 $n=60$

(b) 动作总数 $n=80$

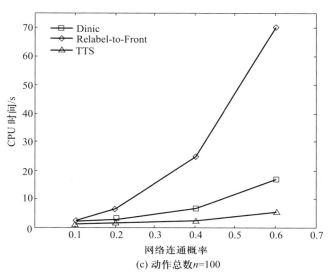

图 4-10 动作总数变化时的资源处理时间

Fig.4-10 Time of processing resource constraint with the variation of number of activities

由图 4-10 可以看出,随着动作总数的增加,资源处理所需时间显著增加。在动作总数保持不变的情况下,网络连通概率较小时,三种算法计算时间基本一致;随着网络连通概率的增大,资源约束网络越来越稠密,Relabel-to-Front 算法和 Dinic 算法计算时间呈指数级上升,而 TTS 算法在处理复杂的网络时仍具有令人满意的计算效率。

当表示动作并行情况的连通概率保持不变时,各算法计算时间如图 4-11 所示。

由图 4-11 可以看出,随着连通概率的增加,资源处理所需时间显著增加。在连通概率不变的情况下,动作总数较低时,三种算法的计算时间相差不大,但随着动作总数增加,TTS 算法仍具有良好的处理速度,证明了算法的改进是有效的。

为了验证资源约束的可分配性条件,建立了一个描述航天器动作的仿真算例,并采用本章提出的执行算法进行了仿真验证。假设在航天器生成的规划结果中,动作的时间约束都已得到满足,动作的时间约束如图 4-12 所示,且考虑的资源为航天器的存储器。

存储器的资源上限为 $Q_r = 30$,资源初始值 $Q_{r,\text{init}} = 23$。且为满足突发任务需求,在初始时间段 $[1,4]$ 范围内,资源变量需满足 $q_r \leqslant 20$,保留一定的资源余量用于其他任务。在规划结果中,首先进行拍照动作,然后开始在航天器上进行一次数据处理过程,最后在与地面进行通信时,将数据传往地面。在规划结果的动作集合中,需要满足的资源约束如表 4-1 所示。

根据算法步骤,首先检测规划结果中资源是否具有可分配性。根据资源上限要求的不同及图 4-12 中各动作的执行时间范围,将规划结果分为[1,4]与[4,15]两段分别考虑。在时间范围[1,4]内,需要考虑的动作集合为｛TakePhoto. Begin,TakePhoto.End,ProcessData. Begin｝,需满足的临时资源上限为 $Q_r^* = 20$,根据式(4-20)有 $3+(-4)+(-2)\leqslant20-23$,此时资源可分配性得到满足。在时间范围[4,13]内,需要考虑的动作集合为｛ProcessData.End,TransmitData.Begin｝,需满足的资源上限为 $Q_r = 30$,根据式(4-20)有 $4+1<30-23$,此时资源可分配性得到满足。

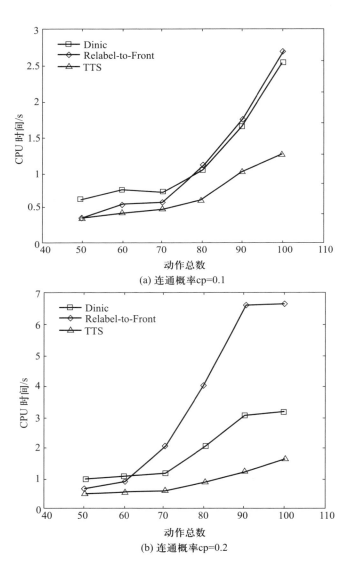

(a) 连通概率cp=0.1

(b) 连通概率cp=0.2

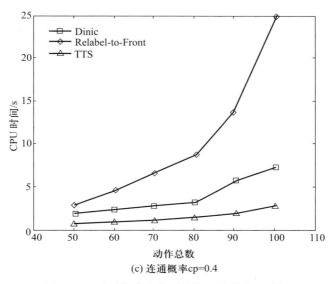

(c) 连通概率cp=0.4

图 4-11 连通概率变化时的资源约束处理时间

Fig.4-11 Time of processing resource constraints with the variation of connection probability

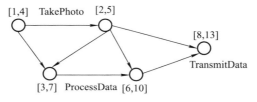

图 4-12 仿真算例的时间约束网络

Fig.4-12 Temporal constraint network for simulation instances

表 4-1 航天器规划结果中资源约束

Table 4-1 Resource constraints in planning results

动作名称	时间取值范围	资源取值范围
TakePhoto.Begin	[1,4]	[1,3]
TakePhoto.End	[2,5]	[-6,-4]
ProcessData.Begin	[3,7]	[-2,0]
ProcessData.End	[6,10]	[3,4]
TransmitData.Begin	[8,15]	[1,2]

　　下面检测在规划执行过程中,为规划动作分配资源的执行算法。与判断资源可分配性时类似,分段确定动作的资源变化量。在时间范围 [1,4] 内,若动作集合 {TakePhoto.Begin,TakePhoto.End,ProcessData.Begin} 的执行时间分别为 2、3、6,则动作 TakePhoto.Begin 和 TakePhoto.End 执行时的资源取值可以在给定范围中任意取值。假设 TakePhoto.Begin 资源变化量取 2,TakePhoto.End 资源变化量取 −4,此时动作 ProcessData.Begin 作为分段中最后一个动作,资源变化量可取值为 $(-2)+(3-2)+[(-4)-(-4)]=-1$。

　　在时间范围 [4,10] 内,若动作集合 {ProcessData.End,TransmitData.Begin} 的执行时间分别为 7、11,则动作 ProcessData.End 的资源取值可以在给定范围中任意取值。假设 ProcessData.End 资源变化量取 4,则 TransmitData.Begin 资源变化量可以取区间上限 2。

　　在整个规划的执行时间内,资源变化过程如图 4−13 所示。由图 4−13 可以看出,在整个执行过程,航天器的资源约束始终得到满足,验证了本章提出的资源约束可分配性条件的有效性。

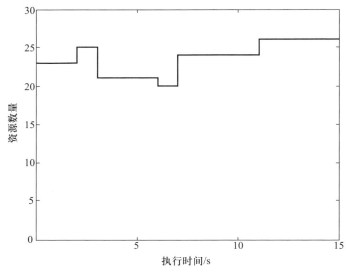

图 4−13　航天器规划结果中资源变化过程

Fig.4−13　Changes on spacecraft resources in planning results

4.6　本 章 小 结

　　本章研究了在航天器任务规划中计算规划时间内资源数值的方法,并针对动态分配资源数值的需求提出了资源约束的可分配性条件。将航天器任务规划中的资源约束表示为资源约束网络模型,并将求解资源数值转化为网络最大流问题。然后对资源约束网络特点进行了分析,结合计算最大流的增广路方法和预流推进方法,提出了基于时间拓扑排序的资源约束算法。本章所提出的算法对资源约束网络进行分层处理,并根据执行时间对资源突变进行拓扑排序,优化了计算资源数量的过程。通过仿真算例验证,将本章提出的 TTS 算法与传统的 Dinic 和 Relabel-to-Front 算法的结果进行了比较,验证了本章提出算法对计算效率的改进。此外,针对航天器执行过程中动态分配资源数值的需求,提出了资源约束的可分配性条件,增加了规划动作资源在实际应用中的灵活性,通过仿真计算,验证了可分配性条件的有效性。

参 考 文 献

[1] KOEHLER J. Planning under resource constraints [C]// The 13th European Conference on Artificial Intelligence (ECAI 98). Wiley,1998:489–493.

[2] 陈德相. 航天器任务约束处理与规划方法研究[D]. 北京:北京理工大学,2015.

[3] CHOOSRI N,YU H,ATKINS A S. Using constraint programming for split delivery scheduling in scarce resource environment[C]// International Conference on Software,Knowledge Information, Industrial Management and Applications. IEEE,2011:1–7.

[4] LEMAIÎTRE M,VERFAILLIE G,JOUHAUD F,et al. Selecting and scheduling observations of agile satellites[J]. Aerospace Science & Technology,2002,6(5):367–381.

[5] LIU Z,XU K,PAN C. Optimized resource in satellite network based on genetic algorithm[J]. International Journal of Innovative Computing Information & Control Ijicic, 2012, 8 (12): 8249–8256.

[6] LOMBARDI M,MILANO M. A min-flow algorithm for minimal critical set detection in resource constrained project scheduling[J]. Artificial Intelligence,2012,182–183(2):58–67.

[7] MUSCETTOLA N. Computing the envelope for stepwise constant resource allocations [C]// International Conference on Principles and Practice of Constraint Programming. Springer-Verlag, 2002:139–154.

第 5 章　深空探测器任务规划方法

5.1　引　　言

　　深空探测中的探测目标与地球的距离十分遥远,而且我们对深空环境还不十分了解,仅依靠以前的地面直接控制或遥控的方式很难完成对深空星体的探测活动。这就对深空探测任务提出了十分苛刻的要求,如操作费用、任务的可靠性、通信实时性的要求等。解决的办法就是采用人工智能中的规划调度技术,建立探测器上的自主控制系统,使探测器的控制形成真正的闭环。实现探测器自主性的核心是探测器自主任务规划技术,它根据地面的任务要求选择所要执行的活动,并给它们分配资源和时间,这些活动一旦执行便可以达到预期的目标。同时,深空探测领域中的一些复杂情况也给任务自主规划系统提出了新的挑战,如复杂的资源约束、时间约束、活动之间并发性约束、探测环境的不确定性等。这些特殊的情况要求在进行任务规划时,不仅需要考虑活动的选择和排序,同时还需要对资源、时间等进行分配和优化,这与传统的规划和调度技术有很大的区别。传统的规划知识表示方式和问题求解方法都不能够直接应用到这样的领域,设计新的知识表示方法和规划算法是必需的,这也正是我们针对深空探测器的任务规划问题进行深入研究的原因。

　　本章根据探测器任务规划系统的特点,分别给出三种适用于深空探测领域的规划方法——基于持续动作的任务规划方法、基于状态时间线的规划方法和基于 CSP 技术的任务规划方法,使读者能够对深空探测器任务规划方法有一个较为全面的认知。

5.2　基于持续动作的时间规划方法

　　为了实现深空探测器的自主任务规划,必须考虑持续动作和复杂时间约束的处理。在经典规划中,动作用 STRIPS 操作符表示。而 STRIPS 中的动作是瞬时的。这种方式没有考虑动作的执行时间的问题,因此需要新的方法表示持续动作的知识,并设计相应的规划方法解决持续动作的时间规划问题。本节介绍一种用于规划器 Sapa 的前向链式数量时间规划(forward chaining metric temporal planning)方法。这种方法是领域无关的,能处理持续动作(durative action)、资源数量约束(metric resource constraint)和有截止时间的任务目标(deadline goal)。Sapa 的主要创新在于它用一系列基于距离的启发式来控制搜索,同时研究了优化搜索和满足搜索。对于优化搜索,提出了几种基于目标完成时间和松弛图的可纳启发式。对于满足搜索,设计了从多个角度描述规划质量的目标函数,并提出了相应的启发式。这里提到的启发式是从"松弛时间规划图"(relaxed temporal planning graph)结构中得到的,而"松弛时间规划图"是规划图在时间领域的推广。

5.2.1 持续动作的知识表示

规划的目的是找到一个能完成任务的动作序列并确定相应的执行时间,这些动作能够满足任务的逻辑、数量和资源约束。因此,动作的表示对于规划的表示和规划算法都有很大影响。本节将介绍在 Sapa[1] 中应用的持续动作表示方法。此表示方法受到了 PDDL+语言、Zeno 规划器和 LPSAT 规划器的影响。

与经典规划中的动作表示不同,在有时间和资源约束的规划问题中,动作不是瞬时发生的,而是有一定的持续时间。动作的前提可能是瞬时的,也可能是持续的,动作的效果可能在动作执行的任何时刻发生。每一个动作 A 都有持续时间 D_A,开始时刻 S_A,结束时刻 $E_A = S_A + D_A$。D_A 的值可能是在领域中固定的或在某个问题中固定的,也可能在动作执行时动态确定。动作 A 的前提 Pre(A) 可能在动作开始的瞬间为真,或者在动作开始后的一段时间内为真。A 的逻辑效果 Eff(A) 分为三个部分:Es(A)、Ee(A) 和 Em(A,d),分别表示在时刻 S_A、E_A 和 $S_A + d$($0 < d < D_A$) 瞬间发生的效果。

以探测器的转移动作为例。探测器在空间中两点间转移,分为快速模式和慢速模式,快速模式的能量消耗更快。用文中所提出的知识表示方式表达探测器在两目标点间的慢速转移动作,具体表示见图 5-1。图中 st 表示动作开始时间,et 表示动作结束时间,$\#t$ 表示 st 和 et 之间的一个时刻。动作会消耗资源或者产生资源,动作的前提也可能包括对相应资源值的要求。可以用符号"= =""<"">""<="">="检查与资源相关的前提,即资源值与某个数值相等或者不等。对与资源相关的效果,允许以下变化:赋值(=)、增加(+=)、减少(-=)、乘法(*=)、除法(/=)。在图 5-1 中,

```
(:action SLOW-TANSFER
:parameters
(?spacecraft - spacecraft ?location1 - location ?location2 - location)
:duration
(st, + st (/ (distance ? location1 ? location2)
        (slow-speed ? spacecraft)))
:precondition
(and (at- location ?spacecraft ? location 1) - (st,st)
        (> (power ? spacecraft) 0) - (st,et))
:effect
(and (not (at- location ? spacecraft ? location1)) - st
        (at- location ? spacecraft? location2) - et
        (-= (power ? spacecraft)
        (* #t (sf- power-cons-rate ? spacecraft))) -#t))
```

图 5-1　探测器慢速转移的知识表示

Fig.5-1　Examples of action descriptions in Sapa

动作"慢速转移"要求能量值在整个动作执行区间大于零,并且在动作执行时以一个恒定的速率消耗能量。

5.2.2　前向链式搜索算法

尽管一些偏序规划器,比如 IxTeT[2] 和 Zeno[3],已经使用了与上文相似的动作表示模式,但是 Bacchus 和 Ady[4] 首次提出了能够使用这种动作表示并且允许动作的并行执行的前向链式算法。下面对这种算法进行介绍。

在介绍算法本身之前,需要先对算法中用到的主要数据结构进行描述。前向链式算法通过时间戳状态空间(space of time stamped states)解决问题。定义一个时间戳状态 S 为一个五元组 $S=(P,M,\Pi,Q,t)$,包括以下结构:

• $P=(\langle p_i,t_i\rangle\,|\,t_i<t)$ 是在时刻 t 之前成立的命题 p_i,而该命题成立的时间为 t_i;

• M 是规划问题中所有描述数量资源的函数值集合,因为资源值是连续的,在规划过程中可能发生改变,所以用函数(functions)来表示;

• Π 是持续条件的集合,比如需要在一个时段内保护动作的某些前提,这样的条件就是持续条件;

• Q 是一个事件队列,包含一系列安排在未来某个时刻出现的更新。事件 e 可以做下面三件事之一:① 改变一些前提的真假,② 更新一些资源值函数的值,或者③ 使某些条件不再持续;

• t 是 S 的时间戳。

在这里,除非特别说明,当提到"状态"时,都表示一个时间戳状态。很明显,时间戳状态不像经典的前向规划器中那样,仅描述世界状态(或者世界在某个给定时刻的状态),而是同时描述了世界状态和规划器的搜索状态。

初始状态 S_{init} 的时间戳是时间零点,事件队列为空,持续条件集合为空,但是满足函数和前提。相反,目标状态不必完全确定。目标用 n 个二元组 $G=(\langle p_1,t_1\rangle\cdots\langle p_i,t_i\rangle\cdots\langle p_n,t_n\rangle)$ 表示,p_i 是第 i 个目标,t_i 是要达到 p_i 的时刻。

目标满足:如果每个 $\langle p_i,t_i\rangle\in G$ 满足如下任一条件,状态 $S=(P,M,\Pi,Q,t)$ 就包含(实现)了目标 G:

（1）$\exists\langle p_i,t_j\rangle\in P,t_j<t_i$ 并且 Q 中没有删除 p_i 的事件;

（2）存在事件 $e\in Q$ 可以在时刻 $t_e<t_i$ 添加 p_i。

动作施加:一个动作 A 可以加在状态中 $S=(P,M,\Pi,Q,t)$,如果:

（1）P 和 M 满足 A 的所有前提条件;

（2）A 的效果与 Π 中的持续条件和 Q 中的事件不冲突;

（3）Q 中的事件与 A 的持续前提条件不冲突。

当动作 A 施加在状态上 $S=(P,M,\Pi,Q,t)$,动作 A 所有的瞬时效果会立即更新 S 的前提条件列表 P 和数量资源数据库 M,A 的持续前提和延迟效果将分别放进 S 的持续条件集合 Π 和事件队列 Q。

除了普通的动作,还有一个称作"时间提前"(advance-time)的特殊动作。用这个动作将 S 的时间戳提前到时刻 t_e。t_e 是 S 的事件队列 Q 中最早的事件 e 发生的时间。只要状态 S 的事件队列不为空,就可以对其施加时间提前动作。通过施加这个动作,根据事件队列 Q 中所有安排在 t_e 时刻的事件更新 S。

注意,如果动作 A 引发的事件 e 与队列中的事件 e' 冲突,就算 e 和 e' 在不同的时刻发生,也认为动作 A 是不可用的。就算事件的效果是瞬时的,也有一些隐含的过程导出了这个效果。因此,如果两个动作引起的事件有冲突,即使事件发生在不同的时刻,支持这两个事件的隐含过程也可能相互冲突。所以,这两个动作不能同时执行。本文所介绍的方法可以看作存在一个从动作的开始时刻到事件发生时刻的保持(hold)过程。保持过程保护谓词,使与之有冲突的其他动作的事件不会违反这个谓词。这也意味着,即使一个给定的动作 A 的效果在时刻 t 改变了一个谓词的值,只需要将这个效果安排在从开始时刻 t_s 到 t 的时段内。另外,Sapa 处理数量资源的方式与 Zeno 和 RIPP 相似:不允许两个动作访问同一个资源的时间有重叠。通过禁止两个影响同一资源的动作发生重叠,能安全地将一个需要在动作持续时段保持的资源条件变为一个瞬时条件或者一个在动作的起始或终止时刻发生的更新。比如,探测器的能量水平在转移过程中要大于零这个条件,可以变为在转移开始时,能量值大于转移过程所需的量。这样做可以简化搜索算法。

搜索算法:图 5-2 所示为搜索时间戳状态空间的基本算法。算法在当前状态加入所有可施加的动作,并通过函数 Enqueue() 将结果状态放入队列中。Dequeue() 函数用于将第一个状态从状态队列中取出。同时,Sapa 也使用 A* 算法,状态队列根据度量目标与当前状态的启发式函数分类。

Algorithm:Main search algorithm

State Queue:$SQ = \{ S_{\text{init}} \}$

1: **while** $SQ \neq \{ \ \}$
2:     $S := \text{Dequeue}(SQ)$
3:     **Nondeterministically select** A
4:     **if** applicable in S
5:         $S' := \text{Apply}(A, S)$
6:         **if** $S' \models G$ **then** PrintSolution
7:         **else** Enqueue(S', SQ)
8: **end while**;

图 5-2 主要搜索算法

Fig.5-2 Main search algorithm

5.2.3 启发式设计

对于大多数规划器而言,启发式能引导算法向正确的方向搜索并及早修剪坏枝,

好的启发式能够对搜索提供很大的帮助。与经典启发式前向链式规划器相比,Sapa
有更多的分支可能性。因此,对于 Sapa 来说,好的启发式尤为重要。

通常,启发式的设计取决于想要优化的目标函数;有一些启发式对于目标函数可
能很有效,有的却不行。在一个经典规划器中,动作是瞬时的而且不消耗资源,质量
指标仅限于动作数或者规划的并行执行时间。扩展经典规划框架来处理会消耗资源
的持续动作时,目标函数就需要考虑其他一些质量指标,比如最大完成时间、规划中
的松弛量和资源的消耗量。关注更多目标函数的启发式实际上能够同时引导规划和
调度。确切地说,它能同时控制动作的选择和动作的执行时间。

这里考虑满足搜索和优化搜索两种场景。满足搜索关注如何高效获得可行规
划。优化搜索关注基于最大完成时间或者松弛值的目标函数的优化。下面将介绍针
对这两种场景的启发式。

对于任何类型的目标函数,启发式一般都是从松弛问题中得到的,放松的约束越
多,启发式的信息就越少[5]。从这个角度出发来控制一个数量时间规划器就带来一
个问题——应该放松哪些约束。在经典规划中,"松弛动作"主要包括忽视动作间的
前提或者效果[6-7]。在数量时间规划中,不能只放松逻辑相互作用,也要考虑数量资
源约束和时间区间约束。

Sapa 用一个广义规划图[8]——松弛时间规划图(RTPG)作为得到启发式的基
础。采用规划图是受到 AltAlt[9] 和 FF[7] 的启发。下面将介绍 RTPG 的结构,描述如
何从中得到可纳且高效的启发式。

5.2.3.1 松弛时间规划图的建立

给出状态 $S = (P, M, \Pi, Q, t)$,通过松弛动作集合从 S 中生成 RTPG,松弛动作通
过剔除原始动作的以下效果得到:① 删除一些事实(谓词)的效果,或者② 降低资源
的水平的效果。因为忽略了删除效果,RTPG 中将不包含任何互斥关系,这明显减少
了构建 RTPG 的代价。构建 RTPG 的算法见图 5-3。为了建立 RTPG,需要三种主要
的数据结构:事实层、动作层和未执行事件队列。在 t_f/t_A 时刻得到的事实 f 或者执行
的动作 A,会被标记 in 并且在 t_f/t_A 时刻出现在 RTPG 的事实层/动作层。一开始,只
有 P 中的事实在时刻 t 标记 in,动作层为空,事件队列包含 Q 中所有将添加新谓词的
未执行事件。动作 A 满足以下条件时会标记 in:① A 没有被标记 in;② A 的所有前
提都标记了 in。当动作被标记,所有 A 的未标记瞬间添加效果也会在 t 时刻被标记。
任何添加事实 f 的 A 的延迟效果 e 如果满足以下条件,就放入事件队列 Q:① f 没有
被标记;② Q 中没有在 e 之前发生且也添加 f 的效果 e'。另外,当事件 e 加入 Q 时,
规划器将从 Q 中取出任何计划在 e 之后发生并且也添加 f 的事件 e'。

当 S 中没有未标记的可添加动作并且满足以下任意条件就停止搜索并返回无解
(non-solution):① Q 是空的,或②存在没有标记的目标,且此目标的截止时间比 Q 中
的最早事件的时间更早。如果没有上述情况发生,就在 S 添加一个"时间提前"动
作,并且激活所有在时刻 t_e 发生的事件,t_e 是 Q 中最早的事件 e' 发生的时刻。上述步

骤会一直重复,直到所有的目标被标记 *in* 或者满足某个表明规划无解的条件。

在 Sapa 中,RTPG 的作用有:

(1) 删去不能得到任何解的状态;

(2) 用 RTPG 中达到目标的时刻作为实际规划中目标达成时间的下限;

(3) 建立一个达到目标的松弛规划,以它为基础估计从 S 到目标的距离。

为了完成第一项任务,如果状态 S 存在目标$\langle p_i, t_i \rangle$,t_i 时刻之前在 RTPG 中没有出现 p_i,就删去这个状态。

Algorithm: The relaxed temporal planning graph structure build algorithm

1: **while**(true)
2:   **forall** $A \neq advance\text{-}time$ applicable in S
3:     $S := \mathrm{Apply}(A, S)$
4:     **if** $S \mid = G$ **then** Terminate{ solution }
5:       $S' := \mathrm{Apply}(advance\text{-}time, S)$
6:       **if** $\exists \langle p_i, t_i \rangle \in G$ such that
7:         $t_i < \mathrm{Time}(S')$ and $p_i \notin S$ **then**
8:           Terminate{ non-solution }
9:       **else** $S := S'$
10: end while;

图 5-3 构建松弛时间规划图结构的算法

Fig.5-3 Algorithm to build the relaxed temporal planning graph structure

---

定理 5-1 根据松弛时间规划图(RTPG)删除状态保持了规划算法的完备性。

这个定理的证明很直接。因为 Sapa 在建立图结构的时候放松了动作的删除效果和资源相关的约束,并且在每个状态上施加所有可用的动作,谓词在 RTPG 中出现的时刻是谓词实现的真实时刻的下限。因此,如果在松弛后的问题中不能达到目标的话,那么在考虑所有约束的情况下也不可能达到目标。

下面将讨论第二个任务,从 RTPG 的结构中得到不同的启发式函数。

5.2.3.2 基于动作持续时段和截止时间的可纳启发式

下面将介绍几种从 RTPG 中得到的启发式函数。首先,能够观察到在松弛规划图中所有的谓词都在最早可能时间出现,因此可以得到一种可纳的启发式来优化规划解的完成时间。这个启发式的定义如下:

最大完成时间启发式(max-span heuristic):从一个状态到目标的距离等于 RTPG 中该状态出现的时刻到最后一个目标出现的时刻。

最大完成时间启发式是可纳的,并且可以用来搜索完成时间最小的规划解。可纳性的证明与定理 5-1 的证明建立在同样的现象上。因为 RTPG 中所有目标出现的时刻是得到目标的真实时间的下限,最后一个目标出现在 RTPG 的时刻会是达到所有目标的真实时刻的下限。因此,能得到规划解的最小完成时间。

这里所讨论的最大完成时间启发式可以看作是 HSP[9] 中的最大动作(max-action)启发式的推广,或者 AltAlt[8] 中最大层(max-level)启发式的推广。在经典规划中的一个假设是所有的目标没有截止时间,只需要在规划结束时得到就可以了。因此,所有的启发式都关注于测量从现在的状态到所有目标都完成有多久。然而,在有截止时间的时间规划中,也能测量目标的松弛值(这里的松弛值是指目标达到的时间与截止时间的差值),将其作为另一个规划质量评价标准。给定目标集合的松弛值也能表明得到目标的难度,也就表明了从给定状态求解规划问题的难度。在调度问题中基于松弛的目标函数很常见。

下面考虑最大化时间规划问题中所有目标的松弛值的最小值、最大值或者和的目标函数。在这里,一个给定目标的松弛值通过取在 RTPG 中出现的时刻与它的截止时间的差得到。下面介绍这三种基于松弛的目标函数的可纳启发式:

(1)最小松弛启发式(min-slack heuristic):从状态到目标的距离等于所有独立目标的松弛估计的最小值;

(2)最大松弛启发式(max-slack heuristic):从状态到目标的距离等于所有独立目标的松弛估计的最大值;

(3)松弛和启发式(sum-slack heuristic):从状态到目标的距离等于所有独立目标的松弛估计的和。

最小松弛启发式、最大松弛启发式与松弛和启发式把最小松弛、最大松弛与松弛和的最大化作为目标。三种启发式对相应目标函数可纳性的证明与最大完成时间启发式相同。明确地说,所有目标在 RTPG 中出现的时刻都比目标能达到的真实时刻早,因此由 RTPG 得到的目标的松弛值估计是目标在非松弛问题中实际松弛值的上限。

5.2.3.3　高效满足搜索的启发式

下面给出提高找到高质量合理规划效率的方法。上文讨论了几种能根据目标函数找到最优解的可纳性启发式。但是,可纳性启发式如最大完成时间和基于松弛的启发式只关注目标完成的时间,但不关注最终规划的长度。在经典规划中,估计规划长度的启发式在控制搜索上更为有效[7,9]。为了估计规划解的长度,这些规划器通常从松弛规划图(松弛通常包括忽略负相互作用)中抽象出有效规划。时间规划中可以采用相似的启发式。

动作和启发式(sum-action heuristic):从状态到目标的距离等于松弛规划中的动作数。

松弛规划可以用与图规划算法[8]几乎相同的方法,也从目标开始反向建立。先从目标开始,然后加入能支持目标形成解的动作。如果在解中加入一个动作,那么这个动作的前提也加入当前的目标集中,直到达到初始状态就停止搜索(也就是说目标是由初始状态得到的)。

最后,因为动作有不同的持续时间,松弛规划中动作持续时间的和也是一种评价达到目标的难度的方法——持续时间和启发式(sum-duration heuristic):从状态到目标的距离等于松弛规划中的动作持续时间之和。

如果所有的动作都有相同的持续时间,那么动作的持续时间之和与动作数就是等价的。此时,两种启发式的效果相同。这两种启发式都不是可纳的,使用动作和启发式或持续时间和启发式的搜索不能保证找到动作最少的解或者动作持续时间最短的解。因为这两种启发式的值建立在找到的第一个被找到的规划(松弛规划)上,不能保证第一个松弛规划在动作数或者动作持续时间上比最小实际规划(非松弛规划)更小。

5.3 基于迭代修复的深空探测器任务规划方法

基于迭代修复的深空探测器任务规划方法采用时间线框架对规划知识进行描述。时间线能够直观表现某个系统在一段时间内的行为表现,其与时间信息紧密结合的特性能够满足探测器规划的需求,从而基于迭代修复的规划方法被广泛应用于深空探测器任务规划,如 Deep Space 1、EO-1[10] 等。本节以 EO-1 为例,给出了基于迭代修复的深空探测器任务规划方法。搜索算法采用了基于冲突修复的偏序规划算法,如图 5-4 所示,在偏序规划算法每一步寻找冲突并进行修复,直至无冲突可修复时,终止规划获得规划解。基于迭代修复的规划方法中的核心部分在于知识描述和规划搜索。本节就上述两部分内容进行了详细的介绍,首先描述了时间线模型知识,然后对搜索算法的核心概念——冲突进行了剖析,最后给出了基于冲突修复的搜索算法。

5.3.1 时间线模型知识

状态时间线的基本概念在定义 2-12 中已经给出,这里针对基于冲突修复的搜索算法对时间线的定义进行扩展——时间线模型由七个基本部分组成:活动、参数、参数约束、时间约束、预留项、资源和状态变量。活动定义在一定的时间区间上,并且可以以某种方式改变探测器的状态。它可以描述高层次的任务目标或是低层次的时间或指令。活动是规划知识描述的核心结构,也是最复杂的概念。

参数是一个带有受限值域的简单变量。参数类型包括整数、浮点数、布尔值和字符串。例如,一个参数的取值集合可以是 10 到 20 之间所有的整数。

参数约束是作用于两个参数之间的函数关系。例如,一个活动的结束时间,是活动开始时间及活动持续时间的函数;航天器从初始指向到最终指向的机动时间与机动角度的关系。

在该模型中,活动对之间存在相对顺序约束——时间约束。时间约束表示一个

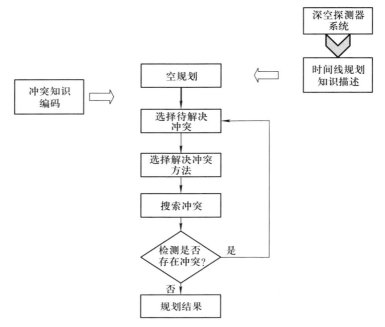

图 5-4　基于迭代修复任务规划算法框架

Fig.5-4　Iterative refinement mission planning framework

活动的开始或结束时间与另一活动的开始或结束时间之间的关系。例如,仪器的预热活动必须在该仪器正常工作前结束。同时,时间约束定义为一个时间区间的形式,即该约束存在最早或最迟满足的时刻。例如,在使用某仪器之前,需要至少 1 min、至多 5 min 的预热,如图 5-5 所示。并且时间约束还可结合析取或合取算子形成更复杂的表达形式。

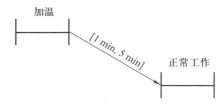

图 5-5　活动之间的时间约束

Fig.5-5　Temporal constraints between two activities

资源表示一定时间范围内物理资源或系统变量的配置,如图 5-6 所示[10]。资源可分为可耗尽资源与不可耗尽资源。可耗尽资源使用后会被预留约束占用,即使消耗该资源的活动已经结束,该资源也不会被释放,如探测器上的内存、燃料和能源等;

不可耗尽资源只在消耗该资源的动作的持续时间内被占用,一旦该动作结束,资源立即被释放,如电能。资源可以作为一个容量限制,在任意时刻限定它的取用量在许可范围之内。

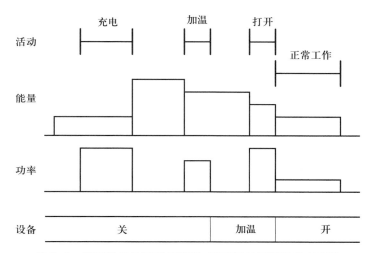

图 5-6　时间线表示可耗尽资源、不可耗尽资源及状态变量

Fig.5-6　Depletable resources,non-depletable resources and state variables

一个离散的系统变量在某段时间内的取值被称作状态变量。状态变量的定义一般伴随着一个状态集合和一个可行的状态转换集。例如,仪器的开关可以描述为一个状态变量,则其相关状态集合包括:开、关和加温。则该状态变量可行的状态转换为从"关"到"加温",而不是直接从"关"到"开"。

预留项是活动对资源或状态变量的限制。例如,某个活动需要消耗 10 W 的功率,预留项则会占用这 10 W 功率的资源直到该动作结束。规划器可以指定预留项的效果是否在活动的开始或结束时发生。

活动是带有参数、参数约束、时间约束、预留项的集合体。每个活动至少存在三个参数:起始时间、结束时间和持续时间。从而,至少存在一个涉及上述参数的依赖函数,并且每个活动至少拥有一个时间约束,以保证该活动发生于任务规划周期之内。其他均为可选项,并没有强制要求。

5.3.2　冲突

规划搜索是根据当前状态信息,选择添加满足约束的活动。当出现违反模型约束的活动时,就会引发冲突。规划过程中通过逐步选择冲突进行处理,最终产生规划结果。每次规划开始前,通过检验部分规划中的约束是否全部满足,判断规划过程是否失败;然后获取部分规划中所有待解决的冲突,从而选择冲突以及解决冲突的方法。这里定义了 10 种基本类型的冲突:

（1）抽象活动冲突；

（2）未赋值参数冲突；

（3）违反参数约束冲突；

（4）未分配时间约束冲突；

（5）违反时间约束冲突；

（6）未分配预留项冲突；

（7）可耗尽资源冲突；

（8）不可耗尽资源冲突；

（9）状态需求冲突；

（10）状态转移冲突。

下面将详细给出每一种冲突的特点及对应的解决方法。

（1）抽象活动冲突：若某个活动没有被分解为它的子活动，则当前规划存在抽象活动冲突。每个活动都必须向更细化的层次分解扩展，如果某个活动存在多种分解方式，那么规划算法就必须决定挑选哪一种方法进行分解，并且所有的时间约束及参数约束在子活动与父活动之间保持一致。

（2）未赋值参数冲突：若某个参数并没有确定的取值，则当前规划存在未赋值参数冲突。每一个参数都带有一个取值集合，只有当所有参数都能够在取值集合中选择合适的取值，才能消解该冲突。

（3）违反参数约束冲突：若两个参数之间的函数关系没有得到满足，则存在违反参数约束冲突。比如，参数 p 与参数 q 的取值需要满足函数关系 $p=q^2$，如果 q 的取值为 6，则 p 取除了 36 以外的任何值都将会被视为违反参数约束的冲突。解决该冲突的方法为改变 p 或 q 的取值，使其满足该函数关系。

（4）未分配时间约束冲突：活动 A 与活动 B 之间存在时间约束，当活动 A 实例化的同时，若没有活动 B 的实例化与之对应，则当前规划存在未绑定时间约束冲突，如图 5-7 所示。任意绑定符合时间约束的活动 B 的实例即可解决该冲突。

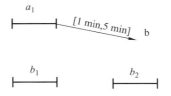

图 5-7　未分配时间约束冲突示意图

Fig.5-7　Illustration of unassigned temporal constraint conflicts

（5）违反时间约束冲突：当两个活动之间的时间约束没有得到满足，即出现违反时间约束冲突，例如，活动 A 必须在活动 B 开始之前的［10,60］内结束，若活动 A 在 t 时刻结束，则活动 B 必须在 $t+10$ 到 $t+60$ 间开始。通过调整活动时间点的区间使其满足时间约束即可消解冲突。

（6）未分配预留项冲突：若某个活动的预留项未分配给需要的资源或状态变量时，则引发未分配预留项冲突。从而，分配合适的资源或状态变量给该预留项即可消解冲突。

（7）可耗尽资源冲突及不可耗尽资源冲突：当某项资源在某个时刻的用量超出了它的最大或最小限额，则会引发冲突（图5-8）。通过对影响该资源用量的活动进行重新调度，使其满足资源的使用要求，即可消解冲突。

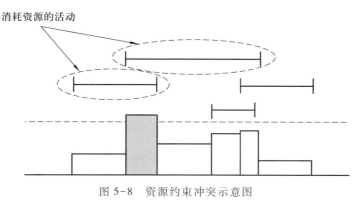

图5-8　资源约束冲突示意图

Fig.5-8　Illustration of resource constraint conflicts

（8）状态变量冲突：状态变量冲突可分为两类——状态需求冲突、状态转移冲突，前者为某活动的条件状态在该活动的持续时间内没有得到满足而引发的冲突，后者则由于某活动的预留项需要进行不合理的状态转移导致。解决这类冲突的方法在于对该活动的时间进行重新分配，或是添加新活动改变当前状态以满足约束条件（图5-9）。

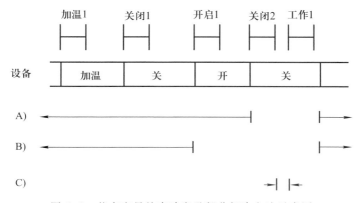

图5-9　状态变量约束冲突及部分解决方法示意图

Fig.5-9　Illustration of state variable constraint conflicts and some resolutions

5.3.3　冲突修复搜索算法

采用冲突修复的策略对问题空间进行规划搜索。对当前规划中存在的冲突进行搜索及冲突消解,逐步完善规划,直到整个规划中没有冲突存在(或该问题无解)。通过迭代修复搜索算法,最终可获得深空探测器在一段时间内的活动或状态序列,以满足深空探测任务需求,该算法的伪代码如图 5-10 所示。

Algorithm：Iterative-repair algorithm

1：**procedure** Iterative_repair(π)
2：　　$S \leftarrow$ SearchConflicts(π)
3：　　do{
4：　　　　Choose $f \in S$
5：　　　　$R =$ GetResolvers(f)
6：　　　　**if** $R \neq \Phi$ **then**
7：　　　　　　Choose a resolver $r \in R$
8：　　　　　　$\pi \leftarrow$ refine(r, π)
9：　　　　　　**if** π' is consistent **then**
10：　　　　　　　　**iterative_repair**(π')
11：　　　　　　　**else** Choose next $r \in R$}(While $S \neq \Phi$)
12：　　return π

图 5-10　迭代修复搜索算法

Fig.5-10　Pseudo code for iterative-repair algorithm

5.4　基于约束可满足问题求解技术的深空探测器任务规划

由于深空探测器各载荷间的约束关系复杂并常处于过耦合状态,规划器需要在任务规划前对约束进行预处理。约束可满足问题(constraint satisfaction problem, CSP)求解技术由于较强的剪枝能力以及成熟的技术发展在智能规划领域得到广泛应用,近年来逐渐成为深空探测自主任务规划研究的热点。关于约束处理技术的应用集中在对约束可满足问题结构的编码和扩展、约束可满足中的变量搜索顺序以及约束可满足的约束处理策略等方面以迎合规划领域丰富的表现形式。NASA、美国国防部、ESA 等很多机构在规划中引入了 CSP 技术,以支持深空探测器的自主运行,完成复杂的任务目标。具体的项目计划包括美国的深空探测计划、基于空间的观测系统(如哈勃太空望远镜)以及 ESA 的星载自主计划(Project for On-Board Autonomy, PROBA)等。本节通过任务规划中的约束编码问题、约束可满足中的变量搜索顺序以及约束处理策略三方面进行介绍[11]。图 5-11 为 CSP 规划流程图。

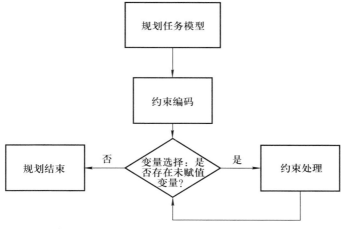

图 5-11　CSP 规划流程图

Fig.5-11　Illustration of CSP process

5.4.1　约束可满足编码问题

目前针对深空探测器规划或调度的研究工作已取得了一定的成果。然而,随着人类对外太空探索领域的不断扩展,深空探测规划与调度问题呈现出新的特点。对于复杂约束条件下探测器任务调度和规划问题,由于探测器结构、任务需求等具有问题特殊性以及保密原因,多数公开文献中的研究成果并没有充分考虑到,随着探测器携带科学载荷的增多,任务规划与任务调度之间相互制约、相互结合的情况日益加深:一方面,倾向于探测器任务调度方面的研究,仅将探测器作为资源集合进行建模,然而并没有考虑到调度任务所对应探测器上活动之间的排序对调度结果的影响;另一方面,倾向于探测器活动规划建模的过程,难以处理目前日益增多的科学载荷之间的复杂约束关系。

为了能够将规划问题与调度问题进行统一处理,一个可行的方式是将规划问题编码为约束形式,并通过约束可满足技术进行求解。一个约束可满足问题由一个变量的有限集合 $\{u_1,\cdots,u_n\}$ 和一个约束集合 $\{C_1,\cdots,C_n\}$ 组成,每个变量都定义了相应的值域,变量 u_i 的赋值只能从其值域 D_i 的元素中选取。对于包含 k 个变量的 k 元约束 $C_{i_1,i_2,\cdots,i_k}(2\leqslant k\leqslant n)$,该约束包含变量子集 $\{u_{i_1},u_{i_2},\cdots,u_{i_k}\}$ 和一个约束关系 $R_{i_1,i_2,\cdots,i_k}$,约束关系 $R_{i_1,i_2,\cdots,i_k}$ 限制了变量 $u_{i_1},u_{i_2},\cdots,u_{i_k}$ 的取值。给定一个约束 $C_{i_1,i_2,\cdots,i_k}$,一组赋值是协调的,当且仅当这组赋值属于约束关系 $R_{i_1,i_2,\cdots,i_k}$。一组关于所有变量的赋值是 CSP 的一个解,当且仅当这组赋值使所有约束均被满足。

在经典的约束可满足模型中,赋值是瞬间发生的,不存在动作执行的问题,同时在问题求解前模型中的变量和约束数是固定的,CSP 解的长度也是固定的。但在深空探测等实际问题中,动作需要一定持续时间,动作发生的前提条件与目标命题往往也有时间上的关系;同时,规划中动作往往需要重复调用,变量在不同时刻往往存在不同的状态,因此规划解的长度是不定的。

为了能够将 CSP 技术应用于规划问题,一种常用的方法是定界分层方法。该方法在规划前对解的长度进行预估,假设该规划问题可用 k 个动作完成,可定义编码后的 CSP 模型具有 k 层结构,每层均是变量集和约束集的一个副本。若在 k 层中无解,对 k 值迭代增加,直到获得可行解。

一个规划问题通常由四元组 $\{A, O, I, G\}$ 组成,其中:

■ A 代表规划问题中的状态变量集合;

■ O 代表规划问题中的动作集合,对于 O 中的每个元素,,其中 p 和 e 分别代表动作的前提条件和后续状态。

■ I 和 G 分别代表规划初始状态和目标状态。

在定界分层方法中,将规划问题编码为 CSP 需要额外添加整数参数 $K \geqslant 0$ 代表编码后的层数。因此,规划过程中的所需的变量将分别进行"时间标记",对任意状态变量 $a_i(a_i \in A)$ 可标记为 $a_i @ k(0 \leqslant k \leqslant K-1)$,同理任意动作 $o_i(o_i \in O)$ 可标记为 $o_i @ k$。

对于一个动作的前提条件,有:

$$o @ t \rightarrow p @ t \qquad\qquad (5-1)$$

同理,动作的后续状态为:

$$o @ t \rightarrow e @ (t+1) \qquad\qquad (5-2)$$

规划中状态转移定理可表示为:

$$(a @ t \wedge \neg a @ (t+1)) \rightarrow ((o_1 \wedge \phi_1) \vee \cdots \vee (o_n \wedge \phi_n))(t+1)$$
$$(5-3)$$

式中,ϕ_i 代表支持 o_i 的世界状态。最后,我们定义 $a @ 0$ 表示 $I(a) = 1$,$\neg a @ 0$ 表示 $I(a) = 0$ 以及 $G @ K$ 代表规划的初始状态以及目标状态。

5.4.2　CSP 中的变量排序问题

当规划问题编码为一个 CSP 问题后,我们就可以选取一个变量开始进行 CSP 的约束处理过程,本小节讨论的内容为约束处理中对变量选取的排序问题。不同的变量顺序会显著地提高/降低规划器的搜索效率。同时,变量的不同排序也会影响算法中的回溯次数,这是评价算法效率的重要指标之一。

主要介绍以下两种变量的排序方法:

(1) 最小宽度排序启发式(the minimal width ordering,MWO);

(2) 失败优先原则(fail first principle,FFP)。

5.4.2.1　最小宽度排序启发式

首先我们介绍几个基本定义。

定义 5-1(无向图)　一个无向图可定义为一个二元组,其中 V 代表图中点的集合,E 代表图中边的集合,每条边上包含且仅包含两个点的集合。

定义 5-2(排序)　在一个集合中的一个二元关系($<$)被称为一个排序,排序具有非自反(irreflexive)、不对称(asymmetric)以及传递(transitive)三种特性:

$$irreflexive(S, <): \forall x \in S:\neg\ x < x \qquad (5-4)$$

$$asymmetric(S, <); \forall x,y \in S:(x < y \Rightarrow \neg\ y < x) \qquad (5-5)$$

$$transitive(S, <): \forall x,y,z \in S:(x < y \land y < z \Rightarrow x < z) \qquad (5-6)$$

定义 5-3(完全排序)　当且仅当一个集合中的任意两个元素都是排序的,这个集合被称为完全排序集合。

$$total\_ordering(S, <) \equiv (\forall x,y \in S:x < y \lor y < x) \qquad (5-7)$$

定义 5-4(点的宽度)　对于一个完全排序的有向图(V,E),其任意一点 V 的宽度为该点排序前以及相邻的点数和:

$$\forall\,graph(V,E):(\forall\ <:total\_ordering(V, <):(\forall x \in V:$$
$$width(x,(V,E), <) \equiv |\{y\,|\,y < x \land (x,y) \in E\}|)) \qquad (5-8)$$

定义 5-5(图的宽度)　图的宽度等于该图中所有点宽度的最小值:

$$\forall\,graph(V,E):width(V,E) \equiv$$
$$MIN\ width((V,E), <):total\_ordering(V, <) \qquad (5-9)$$

最小宽度排序启发式利用约束图中节点的拓扑结构,首先根据图中节点的宽度进行降序排列,然后根据该排序以此选取变量,从而减少算法回溯的可能。在搜索过程中队列前段的变量被更多的其他变量约束,在末端的变量将具有更自由的赋值空间,避免搜索死点的产生。该启发式的伪代码如图 5-12 所示。

Algorithm: Find_Minimal_Width_Ordering((V,E))

/ * (V,E) is a graph where V,E are the set of nodes and edges, respectively * /
BEGIN
1:　$Q = (\ )$;　　　　　/ * Q is initialized to an empty sequence * /
2:　**REPEAT**
3:　　　$N \leftarrow$ the node in V joined by the least number of edges in E
　　　　　　/ * in case of a tie, make an arbitrary choice * /
4:　　　$V \leftarrow V - \{N\}$
5:　　　remove all the edges from E which join N to other nodes in V
6:　　　$Q \leftarrow N:Q$　/ * make N the head of the sequence * /
7:　**UNTIL**($V = \{\}$)
8:　**return** (Q)　　/ * Q = sequence of nodes in minimal width ordering * /
END　　　　/ * of Find_Minimal_Width_Ordering * /

图 5-12　最小宽度排序启发式

Fig.5-12　Minimal width ordering heuristic method

　　假设 n 为目标图中节点数,算法 Find_Minimal_Width_Ordering 在执行过程中将迭代 n 次。在每次迭代过程中,算法需要检查所有剩余节点搜索具有最小宽度的节点,已知该过程的时间复杂度为 $O(n)$,因此算法 Find_Minimal_Width_Ordering 的时间复杂度为 $O(n^2)$。

5.4.2.2　失败优先原则

　　失败优先原则是一种通用的启发式搜索,该搜索过程中最可能失败的赋值目标应优先处理。该算法的搜索思想在于尽早地识别搜索过程中可能产生的死点从而避免后续计算过程的浪费。根据该搜索策略,算法每次选择受约束程度最大的变量。变量的受约束程度可通过以下两种方式(但不限于)计算:

　　(1) 对变量按照值域大小排序,具有最小值域的变量更大可能产生死点;

　　(2) 计算变量涉及的约束数目,被更多约束限制的变量更大可能产生死点。

　　根据算法的不同,失败优先原则在搜索过程中表现出静态与动态两种情况。例如,在 CSP 的简单回溯算法中,变量的值域不变。因此,应用 FFP 只需在搜索前对变量进行一次排序即可。而在前向算法中,FFP 则表现出动态的形式。在前向算法中,当一个变量赋值后需对其他未赋值的变量进行约束检查,被检查的变量值域有可能被剪枝。换言之,该算法中变量的值域是动态变化的。因此当 FFP 应用在前向算法中时,变量的搜索顺序也应随之动态变化。

　　尽管 FFP 计算过程简单,该策略已被证明是最优秀的启发式之一。根据概率分析,Haralick & Elliott 证明了"通过选择下一个最小值域的单元(变量),可以最大限度地减少预期的分支深度"。需要指出的是,该研究结论是建立在对每个变量的有效赋值概率相同以及变量赋值的概率相互独立的基础上。

5.4.3　CSP 中的约束处理技术

　　由航天器任务规划建模及约束分析可知,活动规划过程中需要使用约束网络的一致性来判断当前部分规划是否相容。航天器活动规划是一个逐步添加活动的迭代过程,且每添加一个活动都需要进行约束一致性的处理,其对整个规划过程的效率起到至关重要的作用。已有的方法中大多在时间约束网络的推理过程中通过剪枝来提高效率,然而剪枝技术并不能直接获得可行的规划解,同时剪枝过程中的判断需要占用大量的计算资源,过度的剪枝同样容易降低算法的效率。因此,根据深空任务特点设计合适的搜索算法是决定能否完成规划任务的关键。

　　约束处理技术一直是约束可满足领域研究中的热点,本小节将介绍一些基本的约束处理搜索策略。由于 CSP 具有独特的结构特点,充分地挖掘这些结构信息有助于提高解决 CSP 的效率,或者帮助我们选择合适的搜索算法。例如,对于具有 n 个变量,同时约束解处于搜索树第 n 层的 CSP,我们应避免选择类似于宽度优先算法、迭代加深(iterative deepening,ID)算法或者改进的 IDA* 算法。本小节介绍的算法包括前向搜索以及信息收集搜索。

5.4.3.1　CSP 前向搜索

前向搜索的基本流程是通过对一个变量进行赋值以及与该变量相关的约束进行问题削减,逐步减少 CSP 问题的搜索空间。例如,当 CSP 中变量 V 被赋值 v(定义该赋值对 $<V,v>$ 为 L),前向搜索将移除其他未赋值变量值域中与 L 不相容的候选解。如果任意未赋值变量的值域被削减为空集,则 L 被抛弃,否则前向搜索将对变量序列逐个赋值直到求得约束解。如果当前变量的所有赋值都被抛弃,前向搜索将回溯至上个变量并重复上述过程。前向搜索的流程如图 5-13 所示。

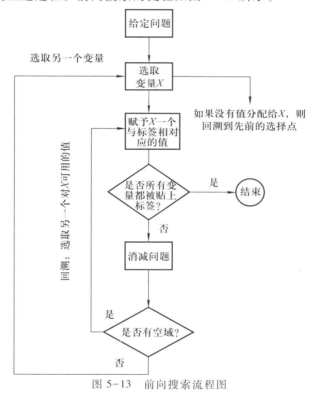

图 5-13　前向搜索流程图

Fig.5-13　Illustration of forward search algorithm

5.4.3.2　信息收集搜索

在 CSP 的搜索空间中,临近的搜索树往往具有相似的结构,这使算法可以从之前的搜索过程中收集相关信息。当回溯出现时,我们便能从前次错误中获得经验,避免相似的错误在未来重复发生。依赖定向回溯算法(dependency directed backtracking,DDBT)就是根据该思想设计的一般性搜索策略,该算法在规划领域以及逻辑编程中也有着广泛的应用(或被称为智能回溯,intelligent backtracking)。该算法检查并识别导致回溯产生的环节(culprit),并直接回溯至该环节相关的赋值操作,避免了逐步回溯导致的计算浪费。

与前向搜索相似,DDBT 首先挑选一个变量并进行赋值,并保证该赋值与 CSP 中的其他变量相容。如果当前变量值域为空,需要进行回溯时,DDBT 寻找 culprit 并选择最近的 culprit 进行回溯。在 CSP 中寻找 culprit 可以通过枚举当前变量的值域,并通过约束推理检查该赋值被抛弃的原因。算法的伪代码如图 5-14 所示。

Algorithm: BJ-1(UNLABELLED,COMPOUND_LABEL,D,C,L)

/ * Let level_of be a global array of integers, one per variable, for recording levels; BJ-1 either returns a solution tuple or a Level to be backtracked to * /

BEGIN

1: **IF** (UNLABELLED = { })

　　　THEN return(COMPOUND_LABEL);

2: **ELSE BEGIN**

3: 　　Pick one variable x from UNLABELLED

4: 　　 level_of [x]←L

5: 　　TD_x←D_x　/ * TD is a copy of D_x,used as working storage * /

6: 　　**REPEAT**

7: 　　　　v←any value from TD_x

8: 　　　　TD_x←TD_x-{x}

9: 　　　　**IF** (COMPOUND_LABEL + {<x,v>} violates no constraints)

10: 　　　　**THEN BEGIN**

11: 　　　　　　　Result←BJ-1(UNLABELLED-{x},COMPOUND_LABEL +{<x,v>},D,C,L+1)

12: 　　　　　　　**IF** (Result ≠ backtrack_to(Level))

　　　　　　/ * backtrack_to(Level) is a data structure signifying backtracking and where to * /

　　　　　　　　　THEN return(Result)

13: 　　　　**END**　/ * of IF within the REPEAT loop * /

14: 　　**UNTIL** ((TD_x = { }) OR (Result = backtrack_to(Level) AND Level < L))

15: 　　**IF** (Result = backtrack_to(Level) AND Level < L)

16: 　　**THEN** return(backtrack_to(Level))

17: 　　**ELSE BEGIN** / * all the values in D_x have been rejected * /

18: 　　　　Level←Analyse_bt_level(x,COMPOUND_LABEL,D_x,C,L)

19: 　　　　return(backtrack_to(Level))

　　　　　　　　/ * return a special data structure * /

20: 　　**END**

21: **END** / *　of ELSE * /

END / * of BJ-1 * /

图 5-14　信息收集搜索算法

Fig.5-14　Gathering information while searching algorithm

5.5　本章小结

本章给出了深空探测器任务规划中常用的三类规划方法——基于持续动作的规划方法、基于时间线的规划方法以及基于 CSP 技术的规划方法。针对每一类规划方法,介绍了其基本的建模思路及算法构建思想。最后列举了典型的算法搜索策略,便于加深对深空探测器任务规划方法的理解。

参 考 文 献

[1]　DO M B,KAMBHAMPATI S. Sapa:a domain-independent heuristic metric temporal planner [C]//Proceedings of ECP-01. 2014:109-120.

[2]　LABORIE P,GHALLAB M. IxTeT:an integrated approach for plan generation and scheduling[C]. IEEE Symposium on Emerging Technologies & Factory,1995.

[3]　PENBERTHY J S,WELD D S. Temporal planning with continuous change[J]. Aaai,1994:1010-1015.

[4]　BACCHUS F,ADY M. Planning with resources and concurrency a forward chaining approach [C]// International Joint Conference on Artificial Intelligence. Morgan Kaufmann Publishers Inc.,2001:417-424.

[5]　PEARL J. Heuristics:intelligent search strategies for computer problem solving[M]. Addison-Wesley Pub. Co,1984.

[6]　BONET B,LOERINCS G,GEFFNER H,et al. A robust and fast action selection mechanism for planning[C]// Including Prestigious Applications of Intelligent Systems. DBLP,1997:270-274.

[7]　HOFFMANN J,NEBEL B. The FF planning system:fast plan generation through heuristic search [J]. Journal of Artificial Intelligence Research,2001,14(1):253-302.

[8]　BLUM A L,FURST M L. Fast planning through planning graph analysis[M]. Elsevier Science Publishers Ltd.,1997.

[9]　NGUYEN X L,KAMBHAMPATI S,NIGENDA R S. Planning graph as the basis to derivie heuristics for plan synthesis by state space and CSP search[J]. Artificial Intelligence,2002,135(1-2):73-124.

[10]　RABIDEAU G,KNIGHT R,CHIEN S,et al. Iterative repair planning for spacecraft operations using the ASPEN system[C]. International Symposium on Artificial Intelligence Robotics and Automation in Space (i-SAIRAS),Noordwijk,Netherlands,1999.

[11]　姜啸. 基于约束可满足的深空探测器任务规划方法[D]. 北京:北京理工大学,2018.

第6章 深空探测器多智能体任务规划方法

6.1 引　　言

　　求解系统中存在多个智能体的规划问题是人工智能中的一个难题。近年来,面向智能体的问题求解方法越来越受到人们的关注,很多研究者考虑将多智能体求解的思想应用到多智能体系统的任务规划中。Georgeff 等利用传统的规划技术产生每个智能体的局部规划,然后将局部规划合成为多智能体系统的规划。该方式下,智能体的合作很难实现。在 SIPE 系统中,通过避免资源的多个实例化来解决规划中的冲突。但这些方法都没有充分利用智能体的特性,因此为了提高规划的效率和能力,研究人员对基于多智能体的规划系统中的合作产生规划进行了研究并应用到实际系统中。

　　对于探测器系统,以前采用集中式任务规划方法,将来自不同子系统的目标、规则、约束、资源等都集中存储在一个地方,并且使用一个集中式规划器来产生全局规划,但探测器系统存在并行、分布特性,采用该方式不仅不能充分利用各个子系统的知识和专门经验,而且使搜索空间增大,因而不适合探测器任务规划系统。本章基于多智能体方法设计了探测器任务规划系统,其中每个智能体产生并维持其自身的任务规划,从而使整个搜索空间被划分成许多个由智能体管理的小空间,每个规划智能体是通过和其他智能体合作来产生自己的规划,探测器任务规划问题是通过组合和协调各个规划智能体的规划来获得最终的解[1-2]。

　　根据探测器操作和控制的特点及多智能体理论,本章设计了基于多智能体的规划系统结构、单个规划智能体的结构、规划智能体之间的通信机制、基于时间约束网络的多智能体规划算法和多智能体规划系统协作方法。在考虑系统飞行规则和资源约束的条件下,通过一组问题求解智能体相互通信和合作,并行产生探测器任务的规划。

6.2 智能体与多智能体系统

　　Agent 即为智能体,也曾译为"代理""代理者""主体""智能主体"等。FIPA (The Foundation for Intelligent Physical Agent) 对智能体的定义为:智能体是驻留于环境中的实体,它可以解释从环境中获得的反映环境中所发生事件的数据,并执行对环境产生影响的行动。智能体被看作是一种在环境中"生存"的实体,既可以是硬件,也可以是软件。Franklin 和 Graesser 则把智能体描述为:智能体是一个处于环境之中并且作为这个环境一部分的系统,它能感知环境并对环境做出反应。在时间演化中,各智能体逐渐建立各自的事件流程,并以此影响到它们将来要感知的信息。综合起来,智能体是能够感知所处环境中的环境信息,与其他智能体进行通信,完成求解问题,产生推断和决策动作功能的具有智能思维与智能行为的实体。各个智能体都具有明确的目标,通过感知自身内部状态和所处环境中的环境信息,与其他智能体进行通信,完善各自推理、控制能力,完成问题求解。

多智能体系统属于人工智能学科分布式人工智能的研究领域。多智能体系统是由多个可以交互的智能体组成的系统,具有分布性、协作性和并行性等典型的复杂系统的特征,被公认为是研究复杂系统的重要理论模型。

多智能体系统是多个智能体组成的集合,各个智能体之间是松散耦合的。多智能体系统的研究涉及智能体的知识、目标、技能、规划以及如何使智能体采取协调行动解决问题等。多智能体系统的思想是通过智能体之间的相互作用,使系统作为一个整体的问题求解能力大于单个智能体所具备的问题求解能力的代数和。多智能体系统中的智能体具备以下两种重要的能力:① 具备智能体的一般属性,特别是自治性;在有设计目标的前提下,每个智能体可以自治地行动和决策;② 可以和其他智能体交互,从某种意义上讲,就是社会性的体现;各智能体之间的交互不完全是简单的数据交换,而是像社会学、生物学或生态学中研究的人或动物行为一样,协商、合作或协作地参与和完成某种行为。

一个多智能体系统的标准结构中应包含一些独立的智能体,它们通过通信进行交互。这些智能体可以在环境中产生动作,不同的智能体有不同的“作用范围”,表示它们可以控制或者影响环境的不同部分。在某些情况下,不同智能体影响的范围可能会相互重叠,这种重叠反映出智能体之间存在依赖关系。这种关系可能代表的是一种与外部环境的中介关系,也可能存在着直接的联系。

多智能体系统的体系结构可以分为集中式和分散式两种,分散式结构又可以分为分层式和分布式。集中式结构:通常这种结构有一个主控单元掌握全部环境信息及受控智能体的信息,运用规划算法和优化算法,主控单元对任务进行分解和分配,并向受控智能体发布命令,组织多个智能体共同完成某一项任务。该结构的优点在于,理论背景清晰,实现起来较为直观,但在容错性、灵活性和适应性方面存在一些缺点。而在分布式结构中,没有主控单元,各个智能体之间是平等的关系,智能体之间通过通信等手段进行信息交流,自主地进行决策。这种方式具有灵活和适应性强等特点。分层式结构是介于集中式和分布式结构之间的一种混合结构。

6.3 基于多智能体的规划问题求解

按照定义 2-3,一个探测器任务规划问题可以描述为一个五元组:

$$\Phi = < P, A_i, C, I, G > \quad (i = 1, \cdots, n) \tag{6-1}$$

对于上述问题,可以采用现有的许多规划方法进行求解。但是当我们研究的系统是多智能体系统时,由于多个智能体的相互作用,将会给求解带来很大的难度。为了有效地求解该类问题,通常采用面向智能体的问题求解方法来完成规划问题求解。深空探测器系统存在并行、分布特性,为了充分利用各子系统的知识和专门经验,本节设计了基于多智能体的任务规划求解方法。

6.3.1　规划智能体及其特性

广义的智能体是一种科学思想,是一种认识事物的世界观和设计产品的方法论[3];狭义的智能体一般指智能机器人[4]、软件系统,如计算机病毒及网站搜索引擎等替代人去完成特定任务的实体[5-6],智能体可以用软件或(和)硬件实现。

根据智能体研究专家如 Wooldrige[7]、Weiss[8] 和 Maes[9] 等给出的几种著名定义,并结合探测器任务规划的具体要求,本文给出了适于深空探测领域的智能体(agent)的具体定义。

定义 6-1　如果处于一定环境下的一个软件实体能够在没有人干预的情况下完成特定的原本需要人去完成的任务,同时,它的行为不需要事先进行安排,而是自主地根据感知信息的变化在其自身的知识库中进行行为的选择与规划并执行之,这样的软件实体称为 agent,又称智能体。

规划智能体(planning agent,PA)是智能体概念中的一种具体的智能体,它能够根据自身的状态、知识和能力产生一个合理的行为(活动)序列,该序列一旦执行便可以达到该智能体要求的目标状态。规划智能体形式化定义如下。

定义 6-2　规划智能体形式化描述为一个五元组$<I, A, C, G, P>$,其中 I 是规划智能体的初始状态、A 是该规划智能体的可能的活动、C 为规划智能体的约束条件、G 为规划智能体的当前目标、P 为求解后的规划结果。

基于探测器任务规划的需要,本文提出的探测器任务规划智能体具有以下特点。

（1）**高度自主性**　规划智能体能够代替人对探测器的任务进行规划,包括收集地面或其他系统的任务目标、探测器运行的状态,并根据探测器上存储的知识库自动产生探测器某段时间内的规划;规划系统自觉地在没有地面用户指示的情况下,主动完成或者提示用户去完成一些用户可能期望完成的工作。

（2）**动态性**　在多智能体系统中,智能体表现出更强的动态性,具有以下动作行为:request、query、result、inform、cancle 等。

（3）**行为的并发性**　为满足探测器多子系统规划的需求,基于多智能体的规划系统应是一个多线程的系统。

（4）**规划智能体间的协作**　探测器各子系统的规划智能体通过交互实现协作,最终完成任务。

（5）**问题域与计算域的分离**　智能体将探测器规划问题域和计算域分开,具有宏观的智能体间的协作和微观的单智能体计算求解的特征。

6.3.2　基于多智能体的规划问题

多智能体系统(multi-agent system, MAS)是当今国际上人工智能中的前沿学科,是分布式人工智能(distributed artificial intelligence, DAI)的一个重要分支[10]。它的目标是将大且复杂的系统建造成小的、彼此相互通信协调的、易于管理的系统。针对它的研究涉及智能体的知识、目标、技能、规划及如何使智能体协调地采取行动解决问题。

现在软件的规模越来越大,处理复杂的软件系统的强大工具是模块化和抽象,多智能体系统提供了很好的模块化模式。如果一个问题域特别复杂、庞大、不可预测,合理地解决该问题的唯一方法是开发出一组功能独立的模块组件,每个组件解决问题的某一特定方面。这种分解使每个智能体使用最适当的模式来解决特定问题。当出现相互依赖的问题时,系统中的一个智能体必须与系统中的其他智能体协同以确保可以解决相似问题。

多智能体规划系统(multi-agent planning system, MAPS)又称为基于多智能体的规划系统,即通过多个智能体协调合作来解决一个复杂的规划问题[11-13]。它采用某种方法将具有复杂目标的规划问题分解成可管理的几个子问题,让每个智能体处理一个子问题,然后将这些子问题的求解结果组合起来得到原问题的可行解。

定义 6-3　多智能体规划问题可形式化定义为一个三元组:

$$\Pi_A = (\Sigma, R, \{\Pi_a \mid a \in A\}) \tag{6-2}$$

式中,Σ 是一组命题原子;R 是可供智能体使用的一组资源;A 是一组智能体 $A = \{a_1, a_2, \cdots, a_n\}$。$\Pi_a$ 描述了单个规划智能体,具体形式为:$\Pi_a = (O_a, I_a, G_a, C_a)$。其中,$O_a$ 是智能体 a 所有活动的集合,描述了该智能体状态时间线的取值情况;I_a 是规划智能体的初始状态集合,可以在规划过程中通过智能体活动改变;G_a 是智能体 a 的目标说明;C_a 是智能体 a 的约束集合。

而且对于多智能体规划系统中的任何两个智能体 $a_i \neq a_j \in A$,存在如下要求:

(1) $I_{a_i} \cap I_{a_j} = \varnothing$,即每个智能体仅仅知道它自己的初始状态;

(2) $G_{a_i} \cap G_{a_j} = \varnothing$,即没有两个规划智能体的目标是相同的。

多智能体规划系统中的各个智能体以分布并行方式求解规划问题的解。找到一个领域独立的通用规划算法来求解多智能体规划问题是非常困难的,因此我们针对探测器规划这一特殊的领域,寻求一种可行的问题求解方法。在该领域中,各个子系统看作一个智能体,每个智能体为完成自身的目标而工作,同时还需要其他智能体的合作。因此该系统存在下列特点:

(1) 规划智能体是自利的,即所有的智能体主要是为了达到它们自己的目标;

(2) 规划智能体的状态是一致的,即规划过程中智能体的状态满足系统中的所有约束条件;

（3）目标是一致的,即多智能体规划系统的总体目标不存在冲突;

（4）规划智能体是友善的,即原理上规划智能体随时准备进行互相帮助,因为通过合作它们能够更好地完成自己的目标;

（5）每个智能体仅仅改变其自身的状态;

（6）由于 MAS 是一个分布式系统,所以具有良好的模块性、易于扩展且设计简单灵活,克服了建立一个庞大知识库所造成的知识管理和扩展的困难,能有效降低系统构造成本;

（7）在 MAS 的实现过程中,按照面向对象的方法构造多个智能体,降低了系统的复杂性和各个智能体问题求解的复杂性;

（8）MAS 系统中各个智能体相互通信,彼此协调,并行的求解问题,因此能够有效提高问题求解的效率。

6.3.3　基于多智能体的规划问题复杂性分析

为了分析多智能体规划问题(定义 6-3)的复杂性,我们考虑对于给定的一个问题实例其是否存在解的问题,即多智能体规划存在问题。

定理 6-1（多智能体规划的复杂性）　给定一组可以互相合作的智能体,多智能体规划问题与单智能体规划问题的复杂性[14]一样是 PSPACE 完全问题。

该定理的证明基于这样一种思想:如果由一个智能体集中进行规划可以得到一个合理的规划解,则该规划可以转化为每个智能体对应一个规划解的一组规划,因此我们可以说多智能体规划的解也是存在的。

证明:首先注意多智能体规划至少应该与单个智能体规划一样困难,因为任何一个单智能体规划问题都是一个多智能体规划问题的一个特例(多智能体规划系统中只有一个规划智能体)。

为了证明它并不比单智能体规划困难,我们说明一个多智能体规划问题可以转化为一个单智能体规划问题,而且单智能体规划问题的解可以转化为多智能体规划问题的解。这两个转换均可以在多项式时间内完成。

我们将多智能体规划问题 $\Pi_A = (\Sigma, R, \{(O_a, I_a, G_a, C_a) \mid a \in A\})$ 转化为一个单智能体规划问题 $\Pi = (\Sigma', O, I, G, C)$,这里:

（1）$\Sigma' = \{p_a \mid p \in \Sigma, a \in A\}$;$\Sigma$ 中所有的命题用智能体的名字标记;

（2）$O = \{g_a \mid g \in O_a, a \in A\} \cup O_{\text{putget}}$,即可能的广义活动是每个单独智能体广义活动的集合,所有广义活动都标记上智能体的名字,且

$$O_{\text{putget}} = \{\text{putget}(r_{k,a}, r_{k,b}) = <r_{k,a}, r_{k,b} \cup \neg r_{k,a}> \mid b \in (A - \{a\}), r_k \in R, a, b \in A\}$$

即行为 putget 加入可以将命题标记从一个智能体的名字改变为另外一个智能体的名字;

（3）$C = \{(R_{1a}, R_{2a}, \cdots, R_{na}) \mid (R_1, R_2, \cdots, R_n) \in C_a, a \in A\}$,是所有时间约束集的并集,每个时间约束都标记上智能体的名字;

（4）$I = \{p_a \mid p \in I_a, a \in A\}$，初始状态是所有智能体的初始状态的组合，并标记有智能体的名字；

（5）$G = \{p'_a \mid p' \in G_a, a \in A\}$，新问题的目标是多智能体问题的目标，其同样标记有相应智能体的名字。

该单智能体规划问题包括所有的信息：哪个智能体将要执行，当前标有智能体名字的状态下仅仅哪个命令和哪个智能体能够执行活动。智能体相互帮助达到目标的唯一途径是引入 putget 行为来改变标记。

该单智能体规划问题的解是一个操作序列 Δ，其可以将初始状态 I 转移到匹配 G 的目标状态。该单智能体规划可以通过下述方式转化为一组多智能体规划 Δa。

（1）用行为 $get(a, r_{k,b})$ 紧接行为 $put(b, r_{k,a})$ 每一个 $putget(r_{k,a}, r_{k,b})$ 行为；

（2）对每一个智能体 $a \in A$ 提取前置条件和后置条件标记有智能体 a 名字的子活动序列；

（3）对每一个智能体 $a \in A$，删除序列中所有标记为 a 名字的活动，结果是可以将智能体 a 从初始状态 I_a 到适合 G_a 的目标状态的活动序列。

如果所构造的单智能体规划问题的解不存在，则多智能体规划问题也不存在解。

6.4　基于多智能体的深空探测器任务规划系统设计

多智能体的体系统结构是指构造智能体的特殊方法学，它描述了智能体的基本组成及其功能、各组成部分之间的联系与交互机制、如何通过感知到的内外部状态确定智能体应采取的不同行动的算法，以及智能体的行为对其内部状态和外部环境的影响等。MAS 的组织结构为各个成员提供了一个相互之间进行交互的框架，为每个成员智能体提供一个多智能体群体求解问题的整体观点和相关信息，以便合理地分配任务并使这些成员智能体能够协同工作、共同为系统服务。在开放、动态环境中，组织结构的适应性十分重要。多智能体系统由多个较为简单、功能单一的智能体组成，这些成员智能体通常联合起来，相互服务、相互协同，共同完成某些相对复杂的、一般由单个智能体难以实现的目标。

6.4.1　基于多智能体的深空探测器任务规划系统结构

深空探测器是由多个子系统组成的一个复杂的大系统，其中的许多设备和子系统都是并行执行，因此在探测器的任务规划过程中必须考虑各个并行子系统之间活动的协调一致，而且所有探测器上的活动都必须在计算速度、存储器空间、电源等资源环境固定的条件下进行。因此深空探测器任务规划系统可以看作是在资源和时间有限的情况下通过多个智能体协调来产生合理的规划序列的问题。我们采用多智能体思想设计了如图 6-1 所示的基于多智能体的任务规划系统结构框架。该结构是以规划管理智能体（PMA）为核心，通过构建各个子系统为规划智能体（PA）来实现的。

　　基于多智能体的探测器规划系统结构主要由两类智能体组成:规划管理智能体和规划智能体。规划管理智能体负责目标、任务的分解、各个子系统之间的协调和最终完全规划的形成;规划智能体接收规划管理智能体发送来的任务,根据自身的情况返回满足自身约束的子规划。

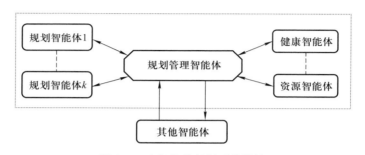

图 6-1　多智能体规划系统结构

Fig.6-1　Architecture of multi-agent planning system

　　多智能体规划系统的具体工作过程如下:

　　规划管理智能体接收从地面控制系统或探测器其他系统发送来的高级指令,根据系统中各个规划智能体所能完成的功能,将其进行分解,并分配给各个相应的规划智能体进行规划。同时规划管理智能体接收规划过程中各个规划智能体发送来的请求,并根据请求的内容将其转化为目标发送给相关的智能体。各个规划智能体完成规划后,规划管理智能体还需进行全局性约束和资源约束检查,最后形成全局规划送给相关的系统来执行。

　　各个规划智能体在接收到规划管理智能体发送来的任务后,便根据自己的知识进行规划,如果需要别的规划智能体来进行协作,便发送请求命令给规划管理智能体。例如拍照系统为了完成对某特定目标的拍照任务,要求将探测器的姿态保持在目标方向,这时拍照规划智能体不能单独完成该任务,便向规划管理智能体发送要求姿态控制规划智能体协作完成的请求。当规划管理智能体接收到该请求便将其转化为姿态控制规划智能体的一个目标,发送给姿态控制规划智能体来执行。如果姿态控制智能体能够完成规划管理智能体发送来的协作目标,便返回一个成功标志,否则返回不能完成标志,规划管理智能体再根据当前情况进行协调,更改相关智能体的目标,进行重新规划。

　　健康智能体和资源智能体也是两种特殊的规划智能体。健康智能体主要用来跟踪探测器各个子系统的健康状况,为探测器的任务规划提供支持。资源智能体主要管理探测器中有限的资源,在规划过程中根据每个子系统规划智能体的能源要求分配能源,并解决某些能源冲突问题。

6.4.2 规划管理智能体

在基于多智能体的规划系统中,规划管理智能体是一个非常特殊的智能体,它主要负责两方面的工作:各个规划智能体之间的关系协调和多智能体系统中的通信服务器功能。它内部维护着一个系统中所有规划智能体的能力、状态和地址信息的全局数据库。利用该数据库,规划管理智能体向系统中的其他规划智能体提供多种必要的服务。

(1) 名字服务:提供全局的名字与规划智能体之间的对应。支持名字的绑定、解析、删除等工作。规划智能体可以利用名字服务来以名字访问其他规划智能体,而不必知道其地址信息。

(2) 查询服务:规划智能体可以向规划管理智能体询问其他规划智能体的规划能力;后者在自己的规划智能体及其服务的列表中搜索,一旦找到满足条件的规划智能体,就发出消息告知能提供服务的规划智能体的名字和地址。

(3) 预订服务:当系统中没有智能体需要的服务时,智能体服务器的查询服务将返回查询失败,这时智能体可以向规划管理智能体申请预订服务。智能体将要预订的服务告诉规划管理智能体,当有智能体可以提供服务时,规划管理智能体会通报给申请预订服务的智能体。

(4) 规划智能体生存期服务:规划管理智能体提供了管理系统中规划智能体的加入和退出的功能,并提供了启动和结束某一规划智能体的能力。

(5) 任务分配和管理:任务的分解和分配是多智能体规划系统进行规划的动力。系统启动以后首先根据全局数据库中存储的任务,取出下一步规划区间需要进行的任务,根据各个规划智能体的能力进行任务分配。在规划过程中通过消息机制对任务进行管理。

图 6-2 给出了规划管理智能体的结构。除全局知识库之外,其重要的两个组成是协调模块和任务管理模块。协调模块主要完成对多智能体规划系统中其他智能体发送来的消息的处理,根据消息的内容不同,来对全局数据库进行操作(例如智能体的注册消息)或向其他相关智能体发送请求(例如智能体的合作请求消息)等。任务

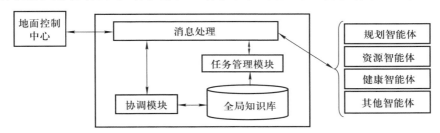

图 6-2　规划管理智能体的结构

Fig.6-2　Architecture of planning management agent

管理模块主要功能是管理探测器的规划任务。规划管理智能体根据地面发送来的任务和其他系统的任务请求,按照其数据库中存储的已注册的规划智能体的能力,将任务进行分配和管理。

6.4.3　规划智能体

智能体体系结构可以分为三种类型,即慎思的、反应的、混合的[15]。一个慎思的智能体结构其决策都是基于模式识别或符号处理,通过推理给出结果的[16]。与此相反,反应式体系结构通常是不包含符号模型并且不使用复杂符号推理的智能体体系结构[17],它通常采用机器学习的方法产生近期的智能体行为规划。上述两种方法都有不足之处。对于慎思结构来说,由于表示太复杂,慎思结构的智能体适应动态环境有一定程度的局限性。对于反应式结构的智能体来说,目前该结构所采用的方法,例如遗传算法、强化学习等,其中参数的给出和调整实际上也可以看作是一种知识。因此,对于智能体体系结构来说,比较好的解决办法是将两者结合。这就是混合式的智能体体系结构[18]。例如由 Georgeff 和 Lansky 开发的过程推理系统 PRS(Procedural Reasoning System)[19]、Ferguson 的图灵机系统[20]等。

我们在垂直分层智能体结构的基础上给出了单个规划智能体结构,具体如图6-3所示。该结构包括三层:通信接口层、规划引擎层和数据管理层(包括活动数据库及处理、资源数据库及处理和约束数据库及处理)。

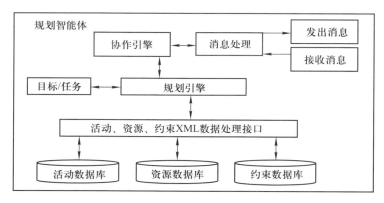

图 6-3　规划智能体结构

Fig.6-3　Architecture of planning agent

通信接口层主要用于与规划管理智能体之间的通信,包括规划前接收规划管理智能体的任务目标、规划中向规划管理智能体发出的协作请求,以及接收其他智能体的协作请求和发送协作成功与否的消息等。

规划引擎层根据接收到的目标和该规划智能体自身的领域知识,由初始状态开始,搜索完成目标所需执行的活动。当有新活动加入当前规划中时,规划引擎便向数据管理层查询当前规划是否满足该智能体中的约束,如果能则继续进行规划,否则当前的活动选择不合适,需要选择其他活动进行规划。另外如果当前规划需要其他智能体协作时,便产生一个请求,并通过通信接口发送给规划管理智能体。

规划智能体结构中的各个部分的功能如下:

- 消息处理机:用于处理发出和进入的消息,并将它们分发给相应的单元或其他子系统;
- 规划引擎:运行基于时间约束网络的规划算法,查找合适的活动来满足要求的目标、资源约束和时间约束;
- 活动、资源、约束 XML 数据处理接口:维护该系统所有活动组成的数据库,包括数据库的查询、修改、增加、删除等,主要负责回答规划引擎规划过程中发来关于活动信息的查询;维护活动间的时间约束,当规划引擎需要查找某个活动的相关时间约束信息时,处理机返回相应的约束项;维护规划系统中所有的资源组成的数据库,规划过程中,当新活动插入状态时间线时,便对该活动进行相应资源冲突检查,看该活动消耗的资源是否超过了系统当前所能够提供的资源量;
- 活动数据库、资源数据库和约束数据库:采用第 2 章设计的基于 XML 的规划知识表示方法,存储规划智能体的广义活动数据、资源数据和约束数据(包括广义活动间的时间约束、资源约束和探测器的飞行规则等);
- 目标任务列表:用于存储规划系统当前时间段内的任务目标,该目标通常来自于地面的操作人员发送来的高级目标。当规划过程中该列表为空时,则说明规划过程可以结束了。

数据管理层接收到规划引擎层发送来的命令时,对当前的时间约束信息和参数约束信息进行处理,返回规划引擎需要的数据。

这三层分工负责、相互合作共同完成单个智能体的规划任务。为了说明它们的相互作用,这里给出一个简单例子说明。考虑推进规划智能体,当其接收到从规划管理智能体发送来的目标"在时间区间$[1\ 000,1\ 500]$s 内进行连续 500 s 的 x 方向的推进"时,首先将推进系统准备好,然后向规划管理智能体发出请求:请求在该段时间内姿态控制系统将探测器的姿态保持在 x 方向。恰好在这时拍照规划智能体需要在时间段$[1\ 300,1\ 600]$s 内进行目标 y 的拍照,因而也向规划管理智能体发出请求,要求在该时间段内姿态控制系统将探测器的姿态保持在 $y(x\neq y)$ 方向。这两个请求被转化为姿态控制系统的任务送给姿态规划智能体,姿态规划智能体通过通信接口层接收到该指令,并将其传送给规划层进行规划,由于探测器不能在同一段时间$[1\ 300,1\ 500]$s 内将其姿态保持在不同的方向(这些约束信息存储在约束网数据库中),因而数据管理层将发给规划层消息,告知两个任务不能同时完成,于是规划层通过接口层向规划管理智能体发送请求,请求规划管理智能体根据目标的优先级对两个目标做出仲裁,决定是取消一个目标或是推迟一个目标。假设推进任务的优先级高于拍照任务的优先级,则规划管理智能体决定在区间$[1\ 000,1\ 500]$s 进行推进,而将拍照推迟到该任务结束之后,过程如图 6-4 所示。

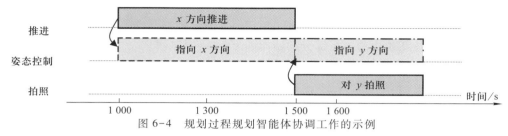

图 6-4　规划过程规划智能体协调工作的示例

Fig.6-4　Example of planning agent coordination in the planning process

6.4.4　基于 XML 内容的规划智能体通信机制

环境动态性、任务复杂性、智能体能力与资源局限性、问题约束性、对解的优化等都需要智能体间进行可靠而有效的协作、共同完成任务,这称为智能体协同。构造多智能体系统的关键是智能体之间的通信和协调。最具有影响力的智能体间通信语言当数在 ARPA(美国国防部先进科研项目管理署)的管理下完成的 ACL(Agent Communication Language)语言,它由 KIF(Knowledge Interchange Format)、KQML[21-22](Knowledge Query and Manipulation Language)和 Ontolingua(共享本体论开发工具)组成。

规划智能体之间的协调性和一致性以及共同求解问题的能力是通过智能体之间的相互通信来实现的。

多智能体系统进行分布式问题求解中,各个智能体之间并非是孤立的。它们常常需要相互协作以完成分派给它们的任务。通信是协作的基础,因此我们必须提供一套通信机制,使智能体能够方便地进行信息交互、相互协调、协作和协商,高效地完成任务。

6.4.4.1　规划智能体之间的通信方式

多智能体系统中有两种通信方式:黑板通信方式和消息式通信方式。黑板通信方式是传统的人工智能系统和专家系统的议事日程技术的扩充,它通过使用合适的数据结构支持分布式问题求解。在黑板通信方式中,智能体间不发生直接通信,每个智能体独立地完成自己的问题求解。在所设计的基于多智能体探测器自主规划系统中,规划管理智能体和其他规划智能体在交换规划结果数据时采用的是黑板系统,即单个规划智能体的规划结果可以被规划管理智能体直接从黑板系统中读取,这为规划管理智能体协调和管理各个规划智能体提供了直接、方便的数据交流方式。

采用消息通信机制可以实现灵活复杂的协调策略。使用规定的协议,智能体间彼此通过通信建立协作机制。自由的消息格式和内容提供非常灵活的通信能力,不受简单命令和响应结构的约束。

与黑板系统不同,两个智能体间消息是直接交换的,执行中没有缓冲。对于一个智能体,如果消息不是发送给它的话,它不能读取消息。发送智能体要指定唯一的地址接收消息,只有指定的地址的智能体才能读这条消息。为了支持协作策略,通信协议必须明确规定通信过程、消息格式和选择通信的语言。另外特别重要的一点是,智能体之间通过通信进行知识交换,因而全部有关的智能体都必须知道通信语言的语义。消息的语义内容是分布式问题求解系统的核心部分。

6.4.4.2　基于 XML 内容的规划智能体通信语言

为了实现多智能体之间的通信和交流,我们参照 FIPA97 规范定义了在本书规划智能体合作规划过程中使用的基本通信要素——规划智能体通信语言(PACL)。由于规划智能体的知识都是采用 XML 的形式描述,因此本章考虑将通信的语言的内容也描述为 XML 的形式,以便规划系统中规划智能体之间知识的交换。

该语言主要用于规划过程中各个规划智能体在遇到困难或需要其他规划智能体协作完成任务时向规划管理智能体发出请求,以及规划智能体从规划管理智能体接收到的任务消息和其他规划智能体对该智能体请求的反馈消息等。

所设计的通信语言的 BNF 定义如下:

<消息>::= <动作>(<空白> <参数-值对>)*

<动作>::= <标示符>

<参数-值对>::= <参数名> <空白> <参数值>

<参数名>::= <标示符>

<参数值>::= (<ASCII 字符>)

<标示符>::= <字母>(<字母>|<数字>|_)*

一条 PACL 消息的组成包括五个方面要素——述行语、通信的参与者、消息内容、内容描述和会话控制,如图 6-5 所示。

图 6-5　通信消息结构

Fig.6-5　Message structure of the communication

　　在我们定义的通信语言 PACL 中,预定义了如表 6-1 所包括的一些基本消息参数。消息的第一个元素述行语确定了通信动作类型以及定义消息内容的含义。消息参数是由冒号开头的参数关键字引导的,冒号与参数关键字之间没有空格。其他参数用于帮助消息传递服务正确传递消息(如 Sender、Receiver),或者帮助接收者解释消息含义(如 Language),或者帮助接收者更合作地对消息进行回复(如 Reply-with)。其中述行语是消息必须包含的要素,消息发送者、接收者和消息内容也是绝大多数情况下要包括的内容。

表 6-1　预定义消息参数和含义

Table 6-1　Parameters and definitions of the pre-defined message

消息参数	含义
:Performative	消息类型
:Sender	消息发送者
:Receiver	消息接收者
:Content	消息内容
:Reply_with	回复本消息的所应带标示
:Language	动作内容的编码方案
:Reply_to	回复消息时携带的标示
:Address	智能体的地址
:Send_time	消息发送的时间
:Receive_time	如果回复,原消息接收的时间

　　消息的内容是通信动作中的领域表达式。它在消息中以 :Content 参数值的形式进行编码。在标准的 ACL 通信语言中,提供了如下两种表达式形式:① 用双引号包括表达式,用反斜线符号区别双引号体内的双引号,在内容表达式中的反斜线字符也需要区别开;② 在表达式前加适当长的编码字符串,这样确保表达式被处理为与它结构无关的词汇符号[23]。

　　这两种表达方式在智能体的通信语义分析上具有一定的复杂度,为了简化复杂通信语言内容的分析过程,根据我们所设计的多智能体规划系统的具体情况,使用了基于 XML 的方法来表达通信的内容,经过实践分析,该方法无论在构造通信内容的难易程度还是解析通信内容的复杂度方面,都要比前两种方法好得多。其形式如下所示:

　　　　(Inform :Content

　　　　(<AGENTNAME>ag1</AGENTNAME>

```
<ACTIVITY>
  <ACTNAME>point</ACTNAME>
    <ACTPARA>
      <PARANAME>direction</PARANAME>
      <PARAVALUE>(2.0 2.8 3.9)</PARAVALUE>
    </ACTPARA>
    <ACTSTART>(100,120)</ACTSTART>
  </ACTIVITY>)
language JAVA
…　)
```

　　由于 XML 语言可以自己定义标签、含有明确的语义性和可扩展性,为规划智能体通过 XML 编码来发送/接收信息提供了一种很好的机制,因此本书设计的基于多智能体的探测器任务规划系统采用 XML 来描述规划智能体通信的消息内容,为探测器任务规划提供了快速的信息交换方式。这样编码的通信内容无论在直观分析还是在智能体之间传递消息,都具有很大的灵活性,并且有很强的实用性,适合表达复杂程度较高的通信内容。

　　这些消息由规划智能体的通信接口层进行处理,根据消息的要求,有的消息需要智能体在完成任务后给发送者返回一个确认信息,有的需要返回执行结果信息。为了完成探测器的规划任务,PACL 中设计了规划过程中必需的消息类型,表 6-2 给出了其中的一部分。

表 6-2　多智能体规划系统中预定义的消息类型
Table 6-2　Pre-defined message type of the multi-agent planning system

消息类型	含义
Register	规划智能体向规划管理智能体注册
Query	查询具有某种能力的智能体信息
Queryresult	返回规划智能体查询结果
Inform	通知其他规划智能体
Request	请求其他规划智能体合作
Result	返回规划结果
Acknowledgement	确认信息
Initial	发送规划智能体初始化信息
SendGoal	发送规划任务目标
Cancle	取消某个任务

续表

消息类型	含义
Addcapability	增加某个规划智能体的能力
Delcapability	删除某个规划智能体的能力
Unregister	规划智能体退出注销
Broadcast	广播消息
AddTnode	向时间约束网络中增加一个时间节点
DelTnode	向时间约束网络中删除一个时间节点
GetTnodeInfo	获得某个时间节点的时间信息
AddTConstraint	向时间约束网络增加一个时间约束

采用基于 XML 内容的规划智能体通信语言具有很大的灵活性和可扩充性,并且与规划智能体的知识描述采用相同的方式,可以方便表达规划过程中复杂程度较高的通信内容。该语言提供了各个规划智能体之间交换信息和进行合作协商的语法和语义规范。基于多智能体的规划系统通过黑板系统和所设计的智能体间通信语言可以完成规划管理智能体对各个规划智能体的管理和协调,同时也可以解决规划过程中出现的冲突和不协调。

6.5　基于多智能体的深空探测器任务规划与协作

基于多智能体的规划系统通过多个规划智能体之间的合作来产生合理的规划,其中存在两个难题必须解决:一是如何判断一个规划智能体选择的活动是否满足约束;二是规划智能体如何与其他智能体进行合作。我们的解决方法是采用第 3 章中设计的基于时间约束网络的算法来判断选择的活动是否满足约束,并确定该活动对规划的影响。然后设计了规划智能体之间的通信协作方法。

6.5.1　基于时间约束网络的规划智能体算法

多智能体规划系统结构的核心部分是每个规划智能体。它们为了能够完成由规划管理智能体发送给它们的任务,必须在其本身和环境的约束条件下规划出自己某段时间内的活动序列,并且其结果和其他智能体的规划结果不存在冲突,即满足知识库中的时间约束和资源约束。在面向对象知识描述基础上,我们在对深空探测器规划过程中的约束变化情况进行分析的基础上,设计了基于时间约束网络的单个智能体的规划算法。该方法中,对于探测器领域中存在的各种复杂约束,采用基于约束满足[24]的思想,将规划问题转化为约束满足问题(CSP)来解决,对于处理非常频繁的时间约束问题,采用第 3 章中设计的动态增量式时间约束网络算法来判断新加入活动及其约束的一致性和计算新约束对时间约束网络中其他时间点的影响。具体算法如图 6-6 所示。

```
        TCS_Algorithm (P,C,A,G)
(1) If G = φ, and
    if checkTimeLine( ) = true, then plan success, return P;
    if checkTimeLine( ) = false, then return fail;
(2) Else select a goal g from G;
(3) Select one temporal causal explanation tce for g with the constraints set C' from A, put g on the
timeline;
(4) Process the constraints set C':
  For every constraint in C', do
｛
        Judge the consistant of the new constraint and the TCN
        and determine the relative action's time information;
        if the new temporal constraint is not consistant with TCN
            then goto (3)
        Send message to PMA to query the PA;
        If PMA return failure message,
            then return fail, goto (3);
        Else send the request to the returned PA
        If receive planning failure message,
            then return fail, goto (3);
                ｝
(5) Send the resource used by g to Resource PA;
    processresconflics( );
    If return fail, then goto (3);
(6) TCS_Algorithm ( P +｛tce｝, C +｛C'｝, A, G -｛g｝+｛tce｝)
```

图 6-6 基于时间约束网络的规划智能体算法

Fig.6-6 Planning algorithm of planning agent based on TCN

图 6-6 所示算法中,P 是当前的规划,C 是当前的约束集合,A 是所有可能的活动集合,G 是当前目标列表。在第一步中,函数 checkTimeLine( ) 用于检查当前的状态时间线,看是否存在没有时间因果解释的活动,如果存在而且目标列表为空,则规划失败,否则规划成功。在第五步中,函数 processresconflics( ) 用于检测 g 所使用的资源是否与系统所提供的资源相冲突。算法中最重要的一步是第四步,即规划引擎处理当前活动的时间约束集合。针对当前活动的所有约束,选择析取约束集合中一

个约束合取集合,并针对其中的每一个时间约束进行处理。首先根据时间约束关系确定当前活动时间点(开始时间和结束时间)与其他已存在时间约束网络中的时间点的定量关系,并将新约束加入时间约束网络中,如图 6-7 所示。

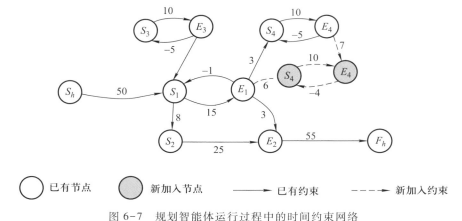

图 6-7　规划智能体运行过程中的时间约束网络

Fig.6-7　Temporal constraint network during the operational process of planning agent

那么如何判断新加入的活动及其约束是否一致?我们采用在第 3 章中设计的动态增量式时间约束网络算法,首先计算出最短距离数组 D 和 D^{-}(D 表示原点到每个顶点的最短距离值 d_{0i},D^{-} 表示每个顶点到原点的最短距离值 d_{i0}),然后根据公式(6-3)判断新的时间约束是否造成了网络中负环的存在,即是否造成时间约束网络的不一致。

$$d_{0v} + d_{v0} < 0 \qquad\qquad (6-3)$$

如果存在不一致情况,则该活动不可取,重新选择约束集并进行处理。否则就可以给出时间约束网络中每个时间点的可能时间区间 $[-d_{i0}, d_{0i}]$。

资源一致性检查是指对各个活动所使用的资源进行一致性检查(包括离散资源和连续资源),看当前规划中所有的活动在资源方面有没有违背资源约束的规则,即是否满足公式(6-4)和公式(6-5)。

$$\sum_{g_i \in Pc} \mathrm{use}(g_i, r) \leqslant \mathrm{avail}(r) \qquad\qquad (6-4)$$

$$\mathrm{res}'(r) = \mathrm{res}(r) - \sum_{a_i \in P_{\mathrm{new}}} \mathrm{use}(g_i, r) \qquad\qquad (6-5)$$

单个规划智能体的规划算法中,输入的是经过规划管理智能体分解后的单个规划智能体的目标。规划智能体的规划结果是状态时间线上有序的活动序列,其位置关系满足活动之间的时间约束和资源约束。时间约束一致性检查和资源一致性检查实际上是传统的调度系统中的内容,这里将其融合到规划系统之中。因此该规划算法的好处有下面三点:

（1）任何冲突或不一致性都能在局部规划中及时发现并进行修正；

（2）算法可以管理复杂的约束；

（3）规划的最终结果肯定是满足所有约束的可行规划。

另外当单个规划智能体不能完成当前的规划时，它可以通过规划管理智能体进行协调，要求其他智能体一起来完成规划任务，充分利用了群体智能的优点。

6.5.2　基于多智能体的规划系统协作算法

MAS 面临的众多问题之中最为关键的一环就是系统中智能体之间的协同。多智能体协同是资源的有界性和时间等约束所需要的，它能使多个智能体协调一致，有效解决问题。智能体之间的协同也是多智能体系统与其他相关研究领域比如分布式计算、面向对象技术、专家系统相区别开来的关键概念之一。协同在 MAS 中具有中心地位，没有协同就泯灭了交互的所有好处，智能体组就迅速蜕化为无序个体的集合。对于基于多智能体的深空探测器任务规划系统来说，需要进行协同的原因主要有：

（1）防止混乱：在多智能体规划系统中，任何智能体对它所处的整个系统都没有全局视图。智能体只有局部视图、目标和知识，这些局部的东西可能干涉其他智能体的行为。在冲突中，协同对避免无序是至关重要的。

（2）满足全局约束：完成规划管理的智能体必须在几秒内而不是几个小时内响应失败。协同规划智能体的行为对满足全局约束是至关重要的。

（3）多智能体规划系统里每个规划智能体拥有不同能力和专门知识。

（4）规划智能体的行为相互依赖：一个规划智能体可能要等到其他规划智能体完成某些活动规划后才能完成自己的规划。这样相互依赖的活动就需要协同。

协作通常是当单个智能体无法独立完成目标，在非对抗的智能体之间进行帮助，共同完成目标的一个过程。对智能体的协作要求可以用智能体的兴趣来描述。如果一个智能体提出一个需要其他智能体承担的任务，而另外一个智能体有能力满足这样的要求，而且能够承担这样的任务，就认为它们有共同的兴趣。两个智能体的兴趣域分别为 ID_i 和 ID_j，如果智能体之间的兴趣域满足以下的条件，就认为智能体之间的有共同兴趣，即：$ID_i \cap ID_j \neq \varnothing$。否则，就可以判定两智能体没有共同的兴趣。对于多智能体规划系统来说，一个规划智能体的规划能力能够满足另外一个规划智能体中某一个约束要求的活动时，则认为它们之间有共同的兴趣。例如，当拍照系统需要对某个方向拍照时，它的一个约束是必须同时将探测器的姿态转动到相应的方向上，拍照智能体不能完成该工作，它向规划管理智能体查询，而姿态控制系统可以完成探测器姿态转动和姿态保持这样的活动，因此认为拍照智能体和姿态智能体具有共同的兴趣。

根据以上所述，结合合同网理论，在此提出一个多智能体规划系统协同算法：

输入：当前任务

输出:任务的分配方案

算法步骤:

（1）规划智能体将需要合作的任务发送到规划管理智能体,进行任务分配。

（2）规划管理智能体先对所接收的任务搜索经验知识库。

（3）如果规划管理智能体找到可用的任务分配经验,则在经验的指导下直接对相关智能体进行任务分配,接收任务的规划智能体确认对任务的承诺后,协同过程完成。

（4）如果经验知识库中没有相关的分配经验,或者原先对此做出承诺的规划智能体因为环境的改变和自身能力任务的变化不再对此任务承担责任,则向所有规划智能体发布需要重新分配子任务招标信息,并给出相应的子任务信息及约束条件。

（5）接收到招标信息的规划智能体根据自身能力、知识和兴趣进行计算,如果符合约束条件,就制定相应的子任务标书,进行投标。

（6）如果规划管理智能在一定时间段内（deadline）不能收到任何投标信息,此子任务就返回给发送该任务的规划智能体,并需要它改变合作方案。如果收到若干投标,规划管理智能体就根据标书选择合适的投标智能体;如果有投标兴趣与招标兴趣相交,则可以进行此次任务分派;如果没有共同兴趣,此次任务仍然无法完成,需要返回发送该任务的规划智能体。规划管理智能体选择最合适规划智能体来承担该任务,并向接收该任务的规划智能体发送 Accept 消息。

（7）接收到任务分配的规划检查收到的 Accept 消息是否是对所申请的子任务的回答,如果是,最终发送确认消息,成功完成会话,任务分配完成。

（8）接收任务的各个规划智能体如果因为能力和环境的变化甚至对自己的能力的错误判断而不能完成预定任务或只能完成部分任务,就向规划管理智能体发出请求信息,并把剩余任务 Tell 给规划管理智能体,由规划管理智能体重新进行招标。规划管理智能体接收此项任务,降低该规划智能体信用等级。

（9）将此次任务分配所获得的经验存入经验知识库,以备下次进行任务分配时参考。

6.6　基于多智能体的任务规划系统分析和实例说明

6.6.1　基于多智能体的任务规划系统智能体特性分析

如前文所述,本章设计了基于多智能体的规划系统、规划智能体的规划方法、智能体之间的协作方法和规划智能体通信语言（PACL）。下面将从智能体的特性方面对设计的多智能体规划系统性能进行分析。

按照 Shoham 等的人工智能观点,具有自治、反应、社会和主动性的计算实体被称为软件智能体。从智能体特性的角度出发,我们分析了本章所设计的多智能体规划系统的各种性能。

对于多智能体规划系统,其自治性主要表现在:

(1) 接受任务时能自主进行任务分配。对于地面和其他系统提交的任务能够识别其活动类,能根据这些活动类所属智能体去寻找合适的任务承担者,该过程不需要用户的干预,能自主完成。

(2) 能自动下达规划任务。当任务列表到达后,规划管理智能体就会通知规划智能体执行任务规划。

(3) 任务不能即时完成时,系统能自主重新进行任务的分配。当一个任务分配后,由于一些难以预料的事情发生,原来的任务需要由其他智能体来承担,系统会重新对任务进行分配。

(4) 规划任务完成后能主动报告,不需要用户监视。

多智能体规划系统的交互性主要表现在:规划智能体之间能够通过传递消息的方式进行通信,规划智能体通过这些交互,彼此协同自己的行为,完成对任务规划。

多智能体规划系统的反应性主要表现在:规划管理智能体能根据各个智能体发送来的协作信息发送相应的任务,规划智能体也能根据自己的情况对规划管理智能体发送的消息做出不同的反应,可以接受任务,也可以拒绝接受。当规划智能体报告任务不能即时完成时,规划管理智能体也能即时做出反应,对任务进行重新分配,并对此规划智能体进行惩罚和降低信用等级。

多智能体系统的主动性主要表现在:规划智能体能根据自己能力和规划过程中出现的合作需求,主动向规划管理智能体发送合作的请求。

6.6.2　基于多智能体的任务规划系统的复杂性分析

对于一个规划问题,设 b 是规划问题的分支因素,在深空探测领域中即规划过程中活动的时间约束的平均数。d 是规划问题解的深度(从初始状态到目标状态的路径的长度),则规划问题的时间复杂性为 $O(b^d)$。对于复杂的系统,环境中存在多个智能体,每个智能体都有其自身可以执行的操作,这样造成了规划系统复杂性的增加。采用集中式规划方法,在规划过程中必须考虑将每个操作(活动)分配给多个智能体中的一个,因此该规划方法的复杂性为 $O(n \times b)^d$。

当全局目标可以分解为 n 个子目标 $\{g_1, g_2, \cdots, g_n\}$ 时,规划问题时间复杂性将会大大降低,令 b_i 和 d_i 分别代表到达目标 g_i 的分支因素和一个规划解的深度,则如果子目标是独立的或可串行的,采用集中式规划系统方法时,时间复杂性可以减少为 $\sum_i ((n \times b_i)^{d_i})$,这里 $b_i \approx \dfrac{b}{n}, d_i \approx \dfrac{d}{n}$。

这种由于搜索空间的划分而减小复杂性的现象可以应用到多智能体规划系统中,其基本思想是分配给每一个智能体一个目标,并让该智能体构造达到该目标的一个局部规划,因为每个智能体是并行进行规划,则规划过程的时间复杂性为 $O_i(n \times b_i)^{d_i}$。

　　而且如果每个智能体是根据自己的知识来产生规划,则规划问题的时间复杂性为 $O_i(b_i)^{d_i}$。

　　全局规划可以通过每个规划智能体产生的局部规划来构造。但不幸的是,规划系统的子目标并不是独立的和可串行的,因此规划智能体在达到目标的过程中将相互干扰,而且可能会产生冲突并需要在规划过程中解决。

　　设计的基于多智能体任务规划系统根据探测器上的子系统,将任务规划系统划分多个规划智能体,通过这组问题求解智能体相互通信与合作,并行产生探测器操作的规划,增强了多智能体系统共同解决问题的能力,在整体上增强了系统的性能。虽然此时的任务子目标是独立的,但是在完成该目标的过程中需要其他规划智能体的合作,因此前面设计了多智能体规划系统通信语言(PACL)和规划智能体之间的协作算法。所以在计算多智能体规划系统时间复杂性时,除了计算在目标不相关的情况下各自产生规划时的时间需要外,还应考虑多智能体之间协作所需的时间和通信的代价。

6.7　本 章 小 结

　　本章首先在分析深空探测器任务规划的特点和多智能体规划问题的基础上,给出了适合深空探测领域的多智能体规划系统的定义,并证明了多智能体规划问题与集中式规划问题一样,为 PSPACE 完全问题。然后根据探测器系统的特点,建立了多智能体规划系统的总体框架——由一个规划管理智能体和多个规划智能体组成,并详细设计了规划管理智能体和规划智能体的功能、运行机制、智能体内核结构和多智能体规划系统中智能体之间的通信语言(PACL)。最后针对探测器规划系统的要求,设计了基于时间约束网络的规划智能体算法和多智能体规划系统中的规划协作算法。

参 考 文 献

［1］　DESJARDINS M E, DURFEE E H, ORTIZ C L, et al. A survey of research in distributed, continual planning［J］. AI Magazine, 1999, 20(4).

［2］　WOOLDRIDGE M, JENNINGS N. The cooperative problem-solving process［J］. Journal of Logic & Computation, 1999, 9(4):563-592.

［3］　JENNINGS N R, WOOLDRIDGE M. Applying agent technology［J］. Applied Artificial Intelligence, 1995, 9(4):357-369.

［4］　FRANKLIN S, GRAESSER A. Is it an agent, or just a program? A taxonomy for autonomous agents［C］// Intelligent Workshop on Agent Theories, Architectures, and Languages. DBLP, 1996:21-35.

［5］　KEEBLE R J, MACREDIE R D. Assistant agents for the world wide web intelligent interface design challenges［J］. Interacting with Computers, 2000, 12(4):357-381.

［6］ STEFANO A D, SANTORO C. Locating mobile agents in a wide distributed environment［J］. IEEE Transactions on Parallel & Distributed Systems, 2002, 13(8):844-864.

［7］ WOOLDRIDGE M, JENNINGS N R. Intelligent agents: theory and practice［J］. Knowledge Engineering Review, 1995, 10(2):115-152.

［8］ WEISS G. Multiagent systems: a modern approach to distributed artificial intelligence［M］. MIT press, 1999.

［9］ MAES P. Modeling Adaptive Autonomous Agents［J］. Artificial Life, 2014, 1(1-2):135-162.

［10］ 叶媛媛, 薛宏涛, 沈林成. 基于多智能体的无人作战防御系统不完全全局规划［J］. 系统仿真学报, 2001, 13(4):411-413.

［11］ EPHRATI E, ROSENSCHEIN J S. Multi-agent planning as the process of merging distributed sub-plans［C］. 1993:115-129.

［12］ JU C, FU Y. A cooperative multi-agent system for plan generation in batch manufacturing［C］. International Conference on Artificial Intelligence. DBLP, 2008:10-16.

［13］ MOREE B J. Cooperation by Iterated Plan Revision［C］. International Conference on Multiagent Systems, 2000. IEEE, 2000:191-198.

［14］ NEBEL B. On the compilability and expressive power of propositional planning formalisms［J］. Journal of Artificial Intelligence Research, 2000, 12(1):271-315.

［15］ 靳小龙, 张世五, Jiming Liu. 多智能体原理与技术［M］. 北京:清华大学出版社, 2003.

［16］ WOOLDRIDGE M, JENNINGS N R. Agent theories, architectures, and languages: a survey ［M］// Intelligent Agents. Springer Berlin Heidelberg, 1994:408-431.

［17］ NWANA H S. Software agents: an overview［J］. Knowledge Engineering Review, 1996, 11(3): 205-244.

［18］ FISCHER K, MÜLLER J P, PISCHEL M. A pragmatic BDI architecture［C］// Intelligent Workshop on Agent Theories, Architectures, and Languages. DBLP, 1995:203-218.

［19］ GEORGEFF M P, INGRAND F F. Decision-making in an embedded reasoning system［C］// International Joint Conference on Artificial Intelligence. Morgan Kaufmann Publishers Inc., 1989: 972-978.

［20］ FERGUSON I A. Towards an architecture for adaptive, rational, mobile agents［C］// Proceedings of the 3rd European Workshop on Modelling Autonomous Agents in a Multi-Agent World. ELS, 1991:249-262.

［21］ FININ T, MCKAY D, FRITZSON R. An overview of KQML: A knowledge query and manipulation language［R］. Technical report, Department of Computer Science, University of Maryland Baltimore County, 1992.

［22］ FININ T. KQML as an agent communication language［C］// International Conference on Information and Knowledge Management. ACM, 1994:456-463.

［23］ 褚海涛. 多自主机器人竞争与合作策略及仿真平台的研究与实现［D］. 哈尔滨:哈尔滨工业大学, 2002.

［24］ KUMAR V. Algorithms for constraint-satisfaction problems: a survey［M］. American Association for Artificial Intelligence, 1992.

第7章　多约束条件下的姿态机动规划方法

7.1　引　言

　　航天器在轨运行或执行科学任务期间,需要不断进行姿态机动来调整航天器姿态指向[1]。在姿态机动过程中除了要满足内部环境产生的动力学约束,还要考虑外部环境引起的姿态指向约束,比如,对目标进行观测时,相机或者其他遥感器要指向观测目标;某些光学敏感器(如红外敏感元件或弱光敏感元件等)不能指向强光天体等[2]。当复杂的姿态指向约束和自身动力学约束耦合在一起时,对姿态机动路径规划造成很大困难。同时,随着航天技术的不断发展,对姿态机动能力的要求不断提高,尤其是执行灾难预警、科学探测以及军事应用等任务时,经常要求航天器在有限能量消耗下以最短的时间从当前姿态机动到目标姿态。因此,本章对多约束条件下的航天器姿态机动问题进行了研究,在设计出可满足复杂姿态约束的规划算法的基础上,分别从路径距离、能量消耗和机动时间三方面对路径进行了优化。研究内容主要有以下几方面。

　　在多约束条件下的抗退绕姿态机动路径规划方面,提出了一种基于对比评价快速搜索随机树(comparative evaluation-rapidly exploring random tree,CE-RRT)算法的航天器姿态机动路径快速规划方法。以 CE-RRT 作为全局规划器,对姿态空间的一致分布节点进行随机采样,在安全空间中增量扩展,保证指向约束的满足;在局部扩展中,将动力学约束转化成二次规划中的线性约束,保证指向约束和动力学约束的分层满足。同时,引入对比评估策略对退绕节点进行筛选,删除不必要的中间节点,解决随机规划方法产生的路径倒退和缠绕现象[3]。仿真验证表明该方法不仅可以缩短机动距离,避免退绕现象,而且提高了运算效率。

　　从能量最优角度出发,利用状态空间方法表述所有约束,将多约束下能量最优姿态机动问题归纳成一个非凸二次约束二次规划问题。通过评价函数进行迭代规划,逼近最优解,并提出了一种基于分支定界的求解方法,求出原问题最优解,文中给出了算法收敛性准则。

　　考虑姿态机动过程中的时间,将约束机动问题归纳为时间最优路径规划问题[4]。针对高斯伪谱法对禁忌约束下姿态机动问题进行求解无法有效处理节点之间的约束问题,提出了基于差分进化(angular velocity-time coding differential evolution,ATDE)算法的全约束下短时间姿态机动方法。采用角速度和时间作为编码单元,将复杂约束构建成算法中的评价函数,将时间最优路径规划问题转换成中间节点寻优的最优化问题。然后采用差分进化算法进行优化,求出满足约束的短时间姿态机动路径。

7.2 航天器姿态机动约束建模与分析

航天器在轨运行期间需要进行大量的姿态机动来完成观测、通信等定向任务,姿态系统需要不断地规划出合理有效的姿态机动路径,该路径需要满足由航天器内部特性和外部环境决定的多种约束[5]。对航天器姿态机动过程中约束的建模和分析是设计姿态机动路径的前提。

7.2.1 坐标系定义与姿态描述方法

为了描述航天器的姿态,首先对坐标系进行定义,用若干坐标系之间的旋转关系来表示姿态变化。常用坐标系如下所示[6]。

1. 行星惯性坐标系 $O_a x_a y_a z_a$

如图 7−1 所示,原点在行星的质量中心,z_a 轴沿行星最大惯量轴,x_a 轴沿历元时刻行星最小惯量轴所指方向,y_a 满足右手系。若是地心惯性坐标系,原点在地心,x_a 轴沿地球赤道平面与黄道平面的交线,指向春分点,z_a 轴指向北极,y_a 轴与 x_a、z_a 轴形成右手旋转坐标系。定义标准历元为 J2000.0 时的地心惯性坐标系为 J2000 惯性坐标系。

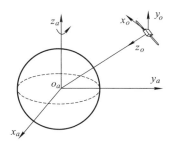

图 7−1   相关坐标系定义

Fig.7−1   Definition of relative coordinate system

2. 轨道坐标系 $O_o x_o y_o z_o$

如图 7−1 所示,原点在航天器的质量中心,z_o 轴指向行星质心方向,x_o 轴在轨道平面上与 z_o 轴垂直,指向运动方向,y_o 满足右手系。

3. 航天器本体坐标系 $O_b x_b y_b z_b$

坐标系原点 O_b 位于航天器质心,x_b、y_b、z_b 三轴固定在航天器本体上,满足右手法则。通常称三轴分别为卫星的滚动轴、俯仰轴和偏航轴。若三轴为航天器的惯量主轴,则该坐标系称为主轴坐标系。

坐标系之间的角度关系表示航天器的姿态,不同的方法会对应不同的描述方式,直接影响问题求解过程中的运算量;本文运用到了以下常用的描述方式,包括欧拉角式、四元数式,下面对其进行简要的介绍[7]。

1. 欧拉角式

欧拉角式是最常用的姿态表示方法,在工程上运用比较广泛。根据欧拉定理,刚体绕固定点的位移也可以是绕该点的若干次有限转动的合成。在欧拉转动中,将惯性坐标转动三次得到本体坐标系。在三次转动中,每次的旋转轴是被转动坐标系的某一坐标轴,每次的转动角即为欧拉角。因此,用欧拉角确定的姿态矩阵是三次坐标转换矩阵的乘积。这些坐标转换矩阵都有如下标准形式:

$$\boldsymbol{R}_x(\theta) = \begin{bmatrix} 1 & 0 & 0 \\ 0 & \cos\theta & \sin\theta \\ 0 & -\sin\theta & \cos\theta \end{bmatrix}, \quad \boldsymbol{R}_y(\theta) = \begin{bmatrix} \cos\theta & 0 & -\sin\theta \\ 0 & 1 & 0 \\ \sin\theta & 0 & \cos\theta \end{bmatrix}$$

$$\boldsymbol{R}_z(\theta) = \begin{bmatrix} \cos\theta & \sin\theta & 0 \\ -\sin\theta & \cos\theta & 0 \\ 0 & 0 & 1 \end{bmatrix} \tag{7-1}$$

姿态矩阵与三次转动的顺序有关,本文选用最常用的欧拉角旋转顺序 3-1-3,即先绕 z 轴旋转 ψ 角,再绕 x′旋转 θ 角,最后绕 z″旋转 φ 角。根据坐标转换的标准式得出欧拉旋转矩阵为:

$$\boldsymbol{A}_{313}(\psi,\theta,\varphi) = \boldsymbol{R}_z(\varphi)\boldsymbol{R}_x(\theta)\boldsymbol{R}_z(\psi)$$

$$= \begin{bmatrix} \cos\varphi\cos\psi - \cos\theta\sin\varphi\sin\psi & \cos\varphi\sin\psi + \cos\theta\sin\varphi\cos\psi & \sin\theta\sin\varphi \\ -\sin\varphi\cos\psi - \cos\theta\cos\varphi\sin\psi & -\sin\varphi\sin\psi + \cos\theta\cos\varphi\cos\psi & \sin\theta\cos\varphi \\ \sin\theta\sin\psi & -\sin\theta\cos\psi & \cos\theta \end{bmatrix}$$

$$\tag{7-2}$$

2. 四元数式

采用欧拉角式表述会产生奇异值,为了解决这一问题学者提出了四元数的表述方法。顾名思义,四元数是由四个参数构成的数,第一个描述标量欧拉转角 Φ,后三个描述欧拉轴 e 的方向,定义如下:

$$\boldsymbol{q} = \begin{bmatrix} q_0 \\ \underline{q} \end{bmatrix} = \begin{bmatrix} q_0 \\ q_1 \\ q_2 \\ q_3 \end{bmatrix} = \begin{bmatrix} \cos\dfrac{\Phi}{2} \\ e_x\sin\dfrac{\Phi}{2} \\ e_y\sin\dfrac{\Phi}{2} \\ e_z\sin\dfrac{\Phi}{2} \end{bmatrix} \tag{7-3}$$

式中,$\underline{\boldsymbol{q}} = [q_1, q_2, q_3]^T$ 表示四元数的矢量部分;$\boldsymbol{e} = [e_x, e_y, e_z]^T$ 为欧拉旋转轴的单位向量,满足 $e_x^2 + e_y^2 + e_z^2 = 1$。那么四元数的四个参数满足以下约束方程:

$$q_0^2 + q_1^2 + q_2^2 + q_3^2 = 1 \tag{7-4}$$

由欧拉定理和三角公式,可将欧拉轴/角姿态矩阵 $\boldsymbol{A}(\boldsymbol{e}, \boldsymbol{\Phi})$ 转化成四元数姿态矩阵 $\boldsymbol{A}(\boldsymbol{q})$:

$$\boldsymbol{A}(\boldsymbol{q}) = \boldsymbol{A}(\boldsymbol{e}, \boldsymbol{\Phi}) = \begin{bmatrix} q_0^2 + q_1^2 - q_2^2 - q_3^2 & 2(q_1 q_2 + q_0 q_3) & 2(q_1 q_3 - q_0 q_2) \\ 2(q_1 q_2 - q_0 q_3) & q_0^2 + q_2^2 - q_1^2 - q_3^2 & 2(q_2 q_3 + q_0 q_1) \\ 2(q_1 q_3 + q_0 q_2) & 2(q_2 q_3 - q_0 q_1) & q_0^2 + q_3^2 - q_1^2 - q_2^2 \end{bmatrix}$$

$$= (q_0^2 - \underline{\boldsymbol{q}}^T \underline{\boldsymbol{q}})\boldsymbol{I} + 2\underline{\boldsymbol{q}}\underline{\boldsymbol{q}}^T - 2q_0 \underline{\boldsymbol{q}}^\times \tag{7-5}$$

式中,

$$\underline{\boldsymbol{q}}^\times = \begin{bmatrix} 0 & -q_3 & q_2 \\ q_3 & 0 & -q_1 \\ -q_2 & q_1 & 0 \end{bmatrix} \tag{7-6}$$

$\boldsymbol{q}^\times$ 称为 $\boldsymbol{q}$ 的叉乘矩阵,本书其他叉乘矩阵同理如上表示。

7.2.2　航天器内部姿态约束

本章主要以刚体完全驱动航天器作为研究对象,由其自身特性产生的姿态约束主要包括姿态动力学约束和有界约束。

1. 姿态动力学约束

全驱动刚体航天器的执行机构可提供三轴旋转的控制力矩,那么航天器姿态机动过程中需要满足的动力学约束如下:

$$\boldsymbol{J}\dot{\boldsymbol{\omega}} = \boldsymbol{u} + \boldsymbol{d} - \boldsymbol{\omega}^\times \boldsymbol{J}\boldsymbol{\omega} \tag{7-7}$$

式中,$\boldsymbol{J}$ 表示转动惯量,$\boldsymbol{J} = \mathrm{diag}(J_1, J_2, J_3)$;$\boldsymbol{u}$ 表示控制力矩,$\boldsymbol{u} = [u_1, u_2, u_3]^T$;$\boldsymbol{d}$ 表示干扰力矩,$\boldsymbol{d} = [d_1, d_2, d_3]^T$;$\boldsymbol{\omega}$ 表示角速度,$\boldsymbol{\omega} = [\omega_1, \omega_2, \omega_3]^T$;$\boldsymbol{\omega}^\times$ 为 $\boldsymbol{\omega}$ 的叉乘矩阵,具体形式如下:

$$\boldsymbol{\omega}^\times = \begin{bmatrix} 0 & -\omega_3 & \omega_2 \\ \omega_3 & 0 & -\omega_1 \\ -\omega_2 & \omega_1 & 0 \end{bmatrix} \tag{7-8}$$

2. 有界约束

在实际工程中,执行机构提供的力矩幅值是有限的,所以这形成了控制输入有界约束:

$$|u_i| \leqslant \gamma_u \quad (i = 1, 2, 3) \tag{7-9}$$

同时,由于某些角速度敏感器的量程有限,要求航天器的角速度必须保持在某个

范围内,这就形成了角速度有界约束:

$$|\omega_i| \leqslant \gamma_\omega \quad (i = 1, 2, 3) \tag{7 - 10}$$

7.2.3 姿态指向约束

　　航天器在执行空间任务时,会面临复杂的指向约束,这些约束缩小了姿态机动路径的可行空间。一旦指向约束不满足会对航天器携带的载荷造成严重的影响,进而影响任务的执行,所以对指向约束的分类和分析必不可少。姿态指向约束可以分为两类:禁忌约束和强制约束。

　　1. 禁忌约束

　　在姿态机动过程中要避免强光天体进入某些光学敏感元件视场,以免损害敏感元件,这类约束称为禁忌约束。图 7-2 为航天器姿态指向约束示意图,r_B 表示某一光学敏感元件在本体坐标系下的方向矢量,r_I 表示某一强光天体在惯性系下的方向矢量。

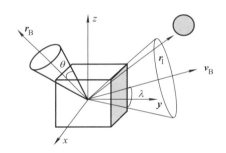

图 7-2　航天器姿态指向约束示意图

Fig.7-2　Sketch of spacecraft attitude point constraint

　　如果强光天体方向矢量没有进入光学敏感元件视场,就表示 r_B 和 r_I 的夹角大于某个值 θ,描述成数学表达式如下:

$$r_B^T(A_{BI}r_I) \leqslant \cos\theta \tag{7 - 11}$$

式中,$r_B = [\begin{array}{ccc} r_{B_1} & r_{B_2} & r_{B_3} \end{array}]^T$,$r_I = [\begin{array}{ccc} r_1 & r_2 & r_3 \end{array}]^T$,$A_{BI}$ 为航天器本体系到惯性系下的姿态余弦矩阵。可将式(7-11)转换成如下四元数表示形式:

$$A_{BI} = r_I = r_I - 2\underline{q}\underline{q}^T r_I + 2q_0(r_I^\times \underline{q}) \tag{7 - 12}$$

式中,$r_I^\times$ 为 r_I 的叉乘矩阵。

　　那么,式(7-12)右边展开可得:

$$A_{BI}r_I = (1 - 2q_1^2 - 2q_2^2 - 2q_3^2)\begin{bmatrix} r_1 \\ r_2 \\ r_3 \end{bmatrix} + 2\begin{bmatrix} q_1^2 & q_1q_2 & q_1q_3 \\ q_1q_2 & q_2^2 & q_2q_3 \\ q_1q_3 & q_2q_3 & q_3^2 \end{bmatrix}\begin{bmatrix} r_1 \\ r_2 \\ r_3 \end{bmatrix} + 2q_0\begin{bmatrix} -r_3q_2 + r_2q_3 \\ r_3q_1 - r_1q_3 \\ -r_2q_1 + r_1q_2 \end{bmatrix}$$

$$\tag{7 - 13}$$

由式(7-13)可以得到：

$$\begin{aligned}
r_B^T(C_{BI}r_I) - \cos\theta &= (q_0^2 + q_1^2 - q_2^2 - q_3^2)r_{B_1}r_1 + (q_0^2 + q_2^2 - q_1^2 - q_3^2)r_{B_2}r_2 + \\
&\quad (q_0^2 + q_3^2 - q_1^2 - q_2^2)r_{B_3}r_3 + (2q_0q_3 + 2q_1q_2)r_{B_1}r_2 + \\
&\quad (-2q_0q_2 + 2q_1q_3)r_{B_1}r_3 + (-2q_0q_3 + 2q_1q_2)r_{B_2}r_1 + \\
&\quad (2q_0q_1 + 2q_2q_3)r_{B_2}r_3 + (2q_0q_2 + 2q_1q_3)r_{B_3}r_1 + \\
&\quad (-2q_0q_1 + 2q_2q_3)r_{B_3}r_2 - \cos\theta
\end{aligned} \tag{7-14}$$

把式(7-14)等号右边写成矩阵形式得到：

$$r_B^T(C_{BI}r_I) - \cos\theta = \begin{bmatrix} q_0 & q_1 & q_2 & q_3 \end{bmatrix} \begin{bmatrix} R_1 & R_2 & R_3 & R_4 \end{bmatrix} \begin{bmatrix} q_0 \\ q_1 \\ q_2 \\ q_3 \end{bmatrix} \tag{7-15}$$

式中，

$$R_1 = \begin{bmatrix} r_{B_1}r_1 + r_{B_2}r_2 + r_{B_3}r_3 - \cos\theta \\ -r_{B_3}r_2 + r_{B_2}r_3 \\ r_{B_3}r_1 - r_{B_1}r_3 \\ -r_{B_2}r_1 + r_{B_1}r_2 \end{bmatrix} \quad R_2 = \begin{bmatrix} -r_{B_3}r_2 + r_{B_2}r_3 \\ r_{B_1}r_1 - r_{B_2}r_2 - r_{B_3}r_3 - \cos\theta \\ r_{B_2}r_1 + r_{B_1}r_2 \\ r_{B_3}r_1 + r_{B_1}r_3 \end{bmatrix}$$

$$R_3 = \begin{bmatrix} r_{B_3}r_1 - r_{B_1}r_3 \\ r_{B_2}r_1 + r_{B_1}r_2 \\ r_{B_2}r_2 - r_{B_1}r_1 - r_{B_3}r_3 - \cos\theta \\ r_{B_3}r_2 + r_{B_2}r_3 \end{bmatrix} \quad R_4 = \begin{bmatrix} -r_{B_2}r_1 + r_{B_1}r_2 \\ r_{B_3}r_1 + r_{B_1}r_3 \\ r_{B_3}r_2 + r_{B_2}r_3 \\ r_{B_3}r_3 - r_{B_1}r_1 - r_{B_2}r_2 - \cos\theta \end{bmatrix}$$

那么式(7-11)可以表示成更加简洁的二次型：

$$q^T K_f q \leqslant 0 \tag{7-16}$$

式中，

$$K_f = \begin{bmatrix} r_I^T r_B - \cos\theta & (r_B^\times r_I^T)^T \\ r_B^\times r_I^T & r_I r_B^T + r_B r_I^T - (r_I^T r_B + \cos\theta)I_3 \end{bmatrix} \tag{7-17}$$

这里，$r_B^\times$ 是 r_B 的叉乘矩阵。

2. 强制约束

在空间任务中，航天器需要保持姿态在某一指向范围内，比如太阳能帆板要指向太阳、通信天线要指向地球等，这类指向约束称为强制约束。在图7-2中以太阳能帆板为例，v_B 表示太阳能帆板在本体坐标系下的方向矢量。要保持太阳能帆板指向太阳方向，v_B 和 r_I 的夹角要小于某一值 λ，即：

$$v_B^T(A_{BI}r_I) \geqslant \cos\lambda \tag{7-18}$$

同理,式(7-18)可转化成二次型:

$$q^{\mathrm{T}}K_m q \geqslant 0 \tag{7-19}$$

式中,

$$K_m = \begin{bmatrix} r_{\mathrm{I}}^{\mathrm{T}}v_{\mathrm{B}} - \cos\lambda & (v_{\mathrm{B}}^{\times}r_{\mathrm{I}}^{\mathrm{T}})^{\mathrm{T}} \\ v_{\mathrm{B}}^{\times}r_{\mathrm{I}}^{\mathrm{T}} & r_{\mathrm{I}}v_{\mathrm{B}}^{\mathrm{T}} + v_{\mathrm{B}}r_{\mathrm{I}}^{\mathrm{T}} - (r_{\mathrm{I}}^{\mathrm{T}}v_{\mathrm{B}} + \cos\lambda)I_3 \end{bmatrix} \tag{7-20}$$

　　本节针对航天器姿态机动过程中涉及的多种约束进行了分析,首先建立了对姿态动力学模型;其次,对有界约束问题进行描述和分析;然后,对空间指向约束进行合理的描述和表示,并对表达式进行分析和变换。

7.3　多约束下抗退绕姿态机动路径规划

　　采用四元数描述方法对姿态机动约束进行建模可以避免奇异值出现,而且可以将指向约束表示成更加紧凑的形式,有利于计算效率的提高。但是由于四元数的双值性,会造成姿态机动路径的退绕问题,即航天器本来只需小角度旋转即可完成的姿态机动,却需要旋转一个大的角度。另外,如图 7-3 所示,从初始姿态机动到目标姿态,机动路径不仅需要满足动力学约束和有界约束,还要满足复杂的指向约束。对多约束下姿态机动路径的求解在数学上是 NP 难问题[8-9],求解复杂度较高。随机算法由于其计算效率的优势在求解路径规划问题上受到广泛应用,但是该类算法会增加退绕现象的出现,导致规划出的路径不利于实际执行。所以本节结合随机规划算法在计算效率方面的优势,以缩短路径距离为目标,设计出一种多约束下姿态机动路径快速规划算法来避免退绕现象。

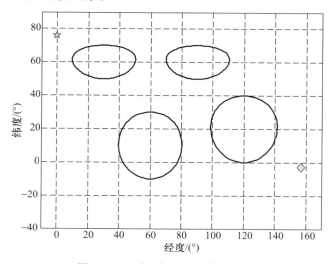

图 7-3　天球坐标系下约束示意图

Fig.7-3　Constraint diagram in celestial coordinate system

7.3.1 路径规划 RRT 算法

RRT 算法作为一种快速随机搜索算法,在机器人领域已经得到广泛运用。它以一个初始点作为根节点,通过随机采样增加叶子节点的方式,生成一个随机扩展树,当随机树中的叶子节点包含了目标点或进入了目标区域,便可以在随机树中找到一条由从初始点到目标点的路径。假设状态空间为 X,X_free 表示可行区域,X_obs 表示障碍区域,X_free 和 X_obs 同为 X 的子集,而且满足 $X\_free \cap X\_obs = \varnothing$ 和 $X\_free \cup X\_obs = X$。初始状态 $x\_init \in X\_free$ 和目标状态 $x\_goal \in X\_free$,因此本节的目标就是快速地规划出从起始状态到目标状态的可行姿态机动路径。

RRT 算法的核心内容是构造搜索随机树。RRT 算法通过逐步迭代的增量方式进行随机树的构造,在状态空间内选定起始节点 x_init 作为树的根节点,通过从根节点不断地扩展出叶节点的方式构建随机树,整个随机树用 **Tr** 表示。首先以概率 r_g 在状态空间内随机选择一个随机目标点 x_random;从随机树当前所有的节点之中,选择出一个离 x_random 最近的节点,称为临近节点 x_near;然后从 x_near 向 x_random 的方向延伸一个步长的距离,得到一个新的节点 x_new。在延伸过程中,判断是否与已知的障碍区域有冲突,若无冲突,接受该新节点 x_new,并将其添加为随机树的节点;若 x_new 与威胁区域有冲突,说明该次扩展出的新节点不符合安全要求,则舍弃该新节点,并重新进行随机目标点 x_random 的选取。通过这样不断地延伸扩展,当随机树中的节点与目标位置足够接近时,则停止随机树的延伸,此时以距离目标位置最近的叶节点为起始,依次向上搜索父节点,则可以获得一条从起始位置到目标位置的可行路径。RRT 算法节点扩展过程和基本 RRT 算法如图 7-4 所示。

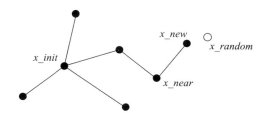

图 7-4 RRT 算法节点扩展示意图

Fig.7-4 Schematic of RRT algorithm node extension

算法 7-1:

1　生成初始化随机树;

2　$i \leftarrow 1$;

3　当 i 不满足终止条件且没有到达目标状态一直循环下去;

4　$i \leftarrow i+1$ 在搜索空间里生成随机目标扩展节点 x_random;

5　寻找最近节点 x_near;

6　然后从 x_near 向 x_random 的方向延伸一个步长的距离,得到一个新的节点 x_new;

7　判断 x_new 是否违反约束,若不违反,把该节点和对应的序号加入整棵树 **Tr** 中,程序继续进行;若违反,直接到第 9 步;

8　将 x_new 选为 x_near 继续扩展,返回到第 7 步;

9　$i \leftarrow i+1$,结束循环;

10　在整棵树 **Tr** 中找出从起始状态到目标状态的路径。

7.3.2　基于 CE-RRT 路径最优规划算法

RRT 算法求解都是以贪婪式搜索的方式,是以找到一个可行解为目标的,这必然会产生不必要的路径节点,导致退绕现象的产生。本小节在原 RRT 算法的基础上,引入对比评价策略,提出了 CE-RRT 规划算法。

求解姿态机动路径的本质是规划出姿态机动路径的控制量、角速度和对应的姿态四元数。所以状态空间可以选取为 $\boldsymbol{X} = [\boldsymbol{u}^{\mathrm{T}}(k), \boldsymbol{\omega}^{\mathrm{T}}(k), \boldsymbol{q}^{\mathrm{T}}(k)]^{\mathrm{T}} \in \mathbf{R}^{10}$,姿态动力学和运动学决定了状态空间里从第 k 步到第 $k+1$ 步的关系,从这个角度分析,状态空间实质就是将连续的状态离散化成状态点,相邻的点满足动力学和运动学约束。那么动力学和运动学约束可以由一阶欧拉法则得到,即:

$$\boldsymbol{q}(k+1) = \boldsymbol{q}(k) + \Delta T\left(\frac{1}{2}\boldsymbol{Q}(k)\boldsymbol{\omega}(k+1)\right) \tag{7-21}$$

$$\boldsymbol{J}\boldsymbol{\omega}(k+1) = \boldsymbol{J}\boldsymbol{\omega}(k) + \Delta T(\boldsymbol{u}(k+1) - \boldsymbol{\omega}(k)^{\times}\boldsymbol{J}\boldsymbol{\omega}(k))$$

把式(7-21)进行整合变形,可以得到更加紧凑的约束方程:

$$\boldsymbol{DX} = \boldsymbol{G} \tag{7-22}$$

其中,

$$\boldsymbol{X} = [\boldsymbol{u}^{\mathrm{T}}(k+1), \boldsymbol{\omega}^{\mathrm{T}}(k+1), \boldsymbol{q}^{\mathrm{T}}(k+1)]^{\mathrm{T}} \tag{7-23}$$

$$\boldsymbol{D} = \begin{bmatrix} -\Delta T\boldsymbol{I}_{3\times3} & \boldsymbol{J} & \boldsymbol{0}_{3\times4} \\ \boldsymbol{0}_{4\times3} & -0.5\Delta T\boldsymbol{Q}(k) & \boldsymbol{I}_{4\times4} \end{bmatrix} \tag{7-24}$$

$$\boldsymbol{G} = \begin{bmatrix} \boldsymbol{J}\boldsymbol{\omega}(k) - \Delta T\boldsymbol{\omega}(k)^{\times}\boldsymbol{J}\boldsymbol{\omega}(k) \\ \boldsymbol{q}(k) \end{bmatrix} \tag{7-25}$$

$$\boldsymbol{Q}(k) = \begin{bmatrix} -q_1(k) & -q_2(k) & -q_3(k) \\ q_0(k) & -q_3(k) & q_2(k) \\ q_3(k) & q_0(k) & -q_1(k) \\ -q_2(k) & q_1(k) & q_0(k) \end{bmatrix} \tag{7-26}$$

随机树在状态空间进行扩展时需要一个度量函数来衡量临近点的"距离",本小节选取四元数和角速度的偏差量作为度量函数,即:

$$\rho = \underline{\boldsymbol{q}}_e^{\mathrm{T}}\underline{\boldsymbol{q}}_e + \boldsymbol{\omega}_e^{\mathrm{T}}\boldsymbol{\omega}_e \tag{7-27}$$

式中,q_e 为两姿态四元数间偏差的矢量部分;ω_e 为两角速度间的偏差。

CE-RRT 算法在 RRT 算法的基础上,引入了一种对比评价策略来增强搜索的目的性。将原来生成 1 个随机扩展节点 x_random 转变为生成 M 个随机扩展节点,然后进行评价,将姿态空间内离目标最近的点选为待扩展节点。以 CE-RRT 作为全局规划器,对姿态空间的一致分布节点进行随机采样,在安全空间中增量扩展,保证指向约束的满足;在局部扩展中,将动力学约束转化成二次规划中的线性约束,保证指向约束和动力学约束的分层满足。算法流程如图 7-5 所示。

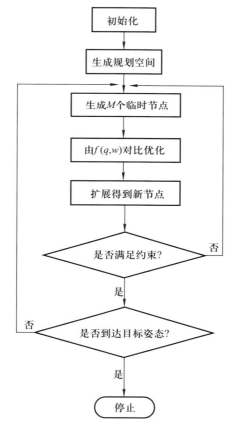

图 7-5 CE-RRT 算法流程图

Fig.7-5 Flow chart of CE-RRT algorithm

具体算法流程如下:

算法 7-2:

1 生成状态空间,包括初始状态 x_init、目标状态 x_goal 和约束区域 X_obs,令 $\boldsymbol{Tr}(0) = x\_init$。

　　2　随机生成 M 个随机节点 x_random，对于每个 x_random 都找到树上离它最近的 x_temp，最后得到 M 个 x_temp，扩展示意图如图 7-6 所示。

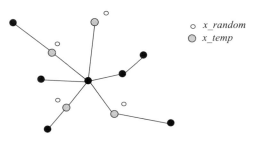

图 7-6　算法节点扩展示意图
Fig.7-6　Schematic of algorithm node extension

　　3　从 M 个 x_temp 中筛选出最优的节点作为当前扩展节点，为了找出最优的节点，引入如下评价函数：

$$f(q,w) = \underline{\boldsymbol{q}}_e^{t\mathrm{T}}\boldsymbol{a}\underline{\boldsymbol{q}}_e^{t} + \boldsymbol{\omega}_e^{t\mathrm{T}}\boldsymbol{b}\boldsymbol{\omega}_e^{t} \tag{7-28}$$

式中，$\boldsymbol{a}$ 和 $\boldsymbol{b}$ 为正定矩阵；$\underline{\boldsymbol{q}}_e^{t}$ 表示当前四元数和目标四元数的偏差矢量部分；$\boldsymbol{\omega}_e^{t}$ 表示当前角速度和目标角速度的偏差。

　　由式（7-28）可以得到最优的 x_temp，记为 x_ext，将 x_ext 作为当前扩展节点 $\boldsymbol{X}(k)$。

　　4　设计控制目标，

$$J(k) = \underline{\boldsymbol{q}}_e^{\mathrm{T}}(k+1)\boldsymbol{R}_1\underline{\boldsymbol{q}}_e(k+1) + \boldsymbol{\omega}_e^{\mathrm{T}}(k+1)\boldsymbol{R}_2\boldsymbol{\omega}_e(k+1) \tag{7-29}$$

式中，$\underline{\boldsymbol{q}}_e(k+1)$ 和 $\boldsymbol{\omega}_e(k+1)$ 分别为 $k+1$ 步的姿态四元数偏差矢部和角速度偏差，可表示为：

$$\begin{cases} \underline{\boldsymbol{q}}_e(k+1) = \begin{bmatrix} \boldsymbol{0}_{3\times1} & \boldsymbol{I}_{3\times3} \end{bmatrix}\boldsymbol{q}_{fl}^* \otimes \boldsymbol{q}(k+1) \\ \boldsymbol{\omega}_e(k+1) = \boldsymbol{\omega}(k+1) - \boldsymbol{\omega}_{fl} \end{cases} \tag{7-30}$$

式中，$\boldsymbol{q}_{fl}^*$ 为四元数 $\boldsymbol{q}_{fl}$ 的共轭，而 $\boldsymbol{q}_{fl}$ 和 $\boldsymbol{\omega}_{fl}$ 为扩展过程中的第 l 个随机目标扩展节点；$\otimes$ 表示四元数乘。

　　继而，

$$\underline{\boldsymbol{q}}_e(k+1) = \boldsymbol{C}\boldsymbol{q}(k+1) \tag{7-31}$$

式中，$\boldsymbol{C} = \begin{bmatrix} -\boldsymbol{q}_{fl} & (q_{fl0}\boldsymbol{I}_3 - [\boldsymbol{q}_{fl}^\times]) \end{bmatrix}$，$\boldsymbol{q}_{fl}$ 为 $\boldsymbol{q}_{fl}$ 取矢量部分，q_{fl0} 为 $\boldsymbol{q}_{fl}$ 取标量部分。

　　若目标节点的角速度设为零，那么最终的线性约束二次规划表达式为：

$$J(k+1) = \boldsymbol{X}^{\mathrm{T}}\boldsymbol{M}\boldsymbol{X}$$
$$s.t.\ \boldsymbol{A}\boldsymbol{X} = \boldsymbol{B}$$
$$|u_i| \leqslant \gamma_T \quad (i=1,2,3)$$
$$|\omega_i| \leqslant \gamma_\omega \quad (i=1,2,3) \tag{7-32}$$

式中，$M = \begin{bmatrix} \mathbf{0}_{3\times 3} & & \\ & R_2 & \\ & & G \end{bmatrix}$，$G = C^T R_1 C$。

通过求解以上规划问题，由当前状态 $X(k)$ 可以得到下一步的状态点 $X(k+1)$，记为 x_new。

5　根据公式和判断 x_new 是否满足指向约束，假如满足，将 x_new 的值赋给 $Tr(i)$；假如不满足，返回到步骤 2。

6　检测 $Tr(i)$ 是否到达目标状态，如果没有，令 $k = k+1$，返回到步骤 1；如果到达，停止搜索。

在给出航天器的起始状态和目标状态以及约束条件下，通过上述算法可以规划出满足约束的路径节点和生成节点的控制力矩，按照生成航天器姿态机动路径和所需要的控制力矩实现航天器机动到目标姿态。

7.3.3　仿真与分析

在仿真实例中，航天器在 z 轴方向上安装了一个光学敏感器，方向矢量用 r_B 表示，需要在姿态机动过程中规避两个明亮天体，在本体系下的方向矢量分别用 r_{11} 和 r_{12} 表示，要求 r_B 与 r_{11} 之间的最小夹角为 θ_1，r_B 与 r_{12} 之间的最小夹角为 θ_2；航天器初始姿态和角速度分别为 q_0、ω_0，目标姿态和角速度分别为 q_f、ω_f；星体转动惯量为 J，机动角速度的最大幅值为 γ_ω，控制力矩的最大幅值为 γ_u。具体数值如表 7-1 所示。

表 7-1　仿真条件

Table 7-1　Simulation conditions

变量	值
J	$\mathrm{diag}(100,100,100)\ \mathrm{kg\cdot m^2}$
q_0	$[0.6469,0.0347,0.7224,0.2417]^T$
ω_0	$[0,0,0]\mathrm{rad/s}$
q_f	$[-0.9923,0,0.1240,0]^T$
ω_f	$[0,0,0]\mathrm{rad/s}$
γ_ω	$0.05\ \mathrm{rad/s}$
γ_u	$1\ \mathrm{N\cdot m}$
θ_1	$30°$
θ_2	$20°$
r_B	$[0,0,1]^T$
r_{11}	$[1,0,0]^T$
r_{12}	$[0,1,0]^T$

　　仿真环境为 Matlab 2013b,计算机主频 3.4 GHz,内存 4 G。首先采用基本 RRT 算法对问题进行求解,图 7-7 表示航天器天球坐标系下的姿态机动路径,图中圆形区域表示禁忌约束,实线表示红外望远镜姿态机动路径,★ 表示目标点位置。可以看出,在机动过程中红外望远镜成功地规避了强光天体,机动路径是安全的,但是在某些地方会发生路径退绕。

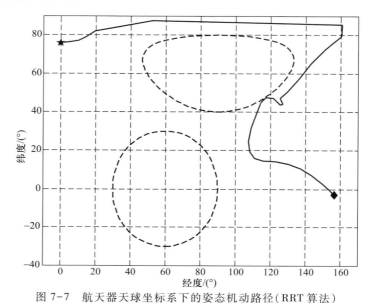

图 7-7　航天器天球坐标系下的姿态机动路径(RRT 算法)

Fig.7-7　Attitude maneuver path in the celestial coordinate system of spacecraft (RRT)

图 7-8 至图 7-10 分别展示了航天器姿态机动过程中的四元数、角速度以及控

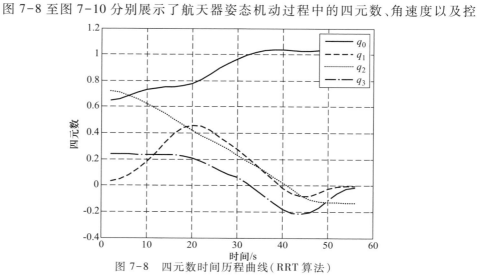

图 7-8　四元数时间历程曲线(RRT 算法)

Fig.7-8　The time history of quaternion (RRT)

制力矩的时间历程曲线。可以看出角速度和控制力矩都满足有界约束。

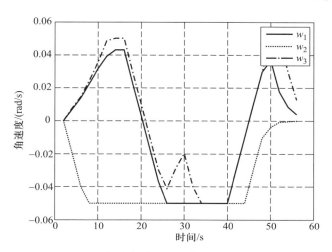

图 7-9　角速度时间历程曲线（RRT 算法）

Fig.7-9　The time history of angular velocity（RRT）

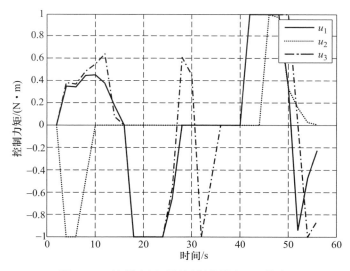

图 7-10　控制力矩时间历程曲线（RRT 算法）

Fig.7-10　The time history of control torque（RRT）

　　在相同的仿真条件下,采用改进 RRT 算法进行仿真,图 7-11 表示航天器天球坐标系下的姿态机动路径。规划出的路径对中间不必要的节点进行优化,缩短了路径距离。

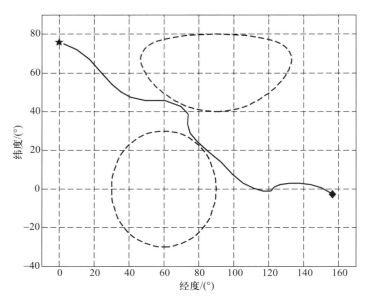

图 7-11　航天器天球坐标系下的姿态机动路径（CE-RRT 算法）

Fig.7-11　Attitude maneuver path in the celestial coordinate system of spacecraft（CE-RRT）

　　图 7-12 至图 7-14 分别展示了航天器姿态机动过程中的四元数、角速度以及控制力矩的时间历程曲线。可以看出,角速度以及控制力矩的有界约束得到很好的保证,均满足最大设定值的要求。

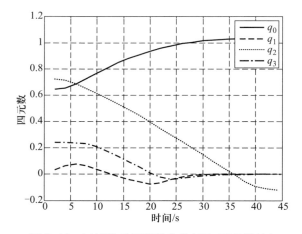

图 7-12　四元数时间历程曲线（CE-RRT 算法）

Fig.7-12　The time history of quaternion（CE-RRT）

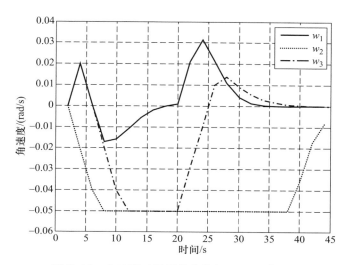

图 7-13 角速度时间历程曲线（CE-RRT 算法）

Fig.7-13 The time history of angular velocity（CE-RRT）

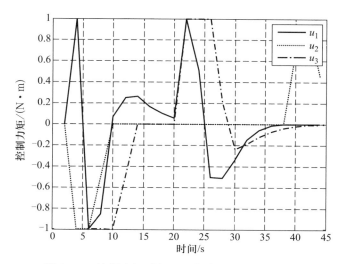

图 7-14 控制力矩时间历程曲线（CE-RRT 算法）

Fig.7-14 The time history of control torque（CE-RRT）

为了进一步验证本节所提出算法的效率,将其从满足约束情况和计算时间两方面与其他几种方法进行对比,对比结果如表 7-2 所示。需要说明的是,以下几种方法作者都进行了实现。

　　本节针对多约束下抗退绕姿态机动问题,提出了基于 CE-RRT 的姿态机动路径规划算法。该算法以 CE-RRT 作为全局规划器,对姿态空间的一致分布节点进行随机采样,在安全空间中增量扩展,保证指向约束的满足;在随机节点生成时引入对比评估策略对算法进行改进。同时,动力学约束转化成了局部扩展二次规划中的线性约束;从而达到指向约束和动力学约束的分层满足,最终生成姿态机动路径和所需控制力矩。从对比仿真结果可以看出,CE-RRT 算法路径距离缩短了 38.89%、运算效率提高了 106.62%。

表 7-2　多种算法比较
Table 7-2　Comparison of various algorithms

规划算法	评判标准		
	指向约束	有界约束	计算时间
势能函数法	部分满足	部分满足	——
伪谱法	部分满足	√	——
SDP	部分满足	√	24.14 s
RRT	√	√	2.81 s
CE-RRT	√	√	1.36 s

7.4　多约束下能量最优姿态机动路径规划

　　为了降低机动路径能量消耗,需要从能量最优角度对问题进行归纳。多约束下能量最优姿态机动问题本质是非凸二次约束二次规划问题。传统方法是将姿态四元数表示下的非凸指向约束转化成二次凸约束的形式,并将目标函数表示成关于状态的二次型,利用半正定规划或二次规划等非线性求解工具得到了姿态机动安全路径。但是当约束涉及多轴多约束的情况,就需要较多的路径节点,而这种凸化操作只能求解路径节点较少的情况。所以本节对非凸二次约束二次规划问题进行求解,不仅要求完全满足多轴多种类多数量的姿态约束,而且要减少能量消耗。

7.4.1　非凸二次约束二次规划

　　对航天器姿态机动过程中的约束进行分析之后,我们需要找到一个最优的姿态机动路径,这条路径不仅能够满足之前讨论的复杂约束,而且要保证能量消耗是最优的。本节以能量最优为控制目标,因此约束姿态机动问题就可以归纳为以下形式:

$$\min: J = \int_{t_0}^{t_f} \boldsymbol{u}^{\mathrm{T}} \boldsymbol{u} \mathrm{d}t \quad \text{(性能指标)}$$

$$s.t. \begin{cases} \boldsymbol{J}\dot{\boldsymbol{\omega}} = \boldsymbol{u} - \boldsymbol{\omega}^{\times} \boldsymbol{J}\boldsymbol{\omega} \quad \text{(动力学约束)} \\ \dot{\boldsymbol{q}} = \frac{1}{2}\boldsymbol{Q}\boldsymbol{\omega} = \frac{1}{2}\boldsymbol{\Omega}\boldsymbol{q} \quad \text{(运动学约束)} \\ -\gamma_u \leqslant u_i \leqslant \gamma_u \quad (i=1,2,3) \quad \text{(控制力矩有界约束)} \\ -\gamma_w \leqslant \omega_i \leqslant \gamma_w \quad (i=1,2,3) \quad \text{(角速度有界约束)} \\ \boldsymbol{q}^{\mathrm{T}} \boldsymbol{K}_f \boldsymbol{q} \leqslant 0 \quad \text{(禁忌约束)} \\ \boldsymbol{q}^{\mathrm{T}} \boldsymbol{K}_m \boldsymbol{q} \geqslant 0 \quad \text{(强制约束)} \\ \boldsymbol{q}^{\mathrm{T}} \boldsymbol{q} = 1 \quad \text{(归一化约束)} \\ q(t_0) = q_0, \omega(t_0) = \omega_0 \quad \text{(初始条件)} \\ q(t_f) = q_f, \omega(t_f) = \omega_f \quad \text{(终端条件)} \end{cases} \quad (7-33)$$

从式(7-33)看出,该问题是一个非线性规划问题,如果想要求解该问题首先需要对状态空间进行离散化,转化成易于求解的形式。

首先取状态空间为 $\boldsymbol{z} = [\boldsymbol{u}^{\mathrm{T}}(k), \boldsymbol{\omega}^{\mathrm{T}}(k), \boldsymbol{q}^{\mathrm{T}}(k)]^{\mathrm{T}} \in \mathbf{R}^{10}$,同理利用一阶欧拉积分法则,对动力学和运动学约束进行离散化:

$$\boldsymbol{q}(k+1) = \boldsymbol{q}(k) + \Delta T\left(\frac{1}{2}\boldsymbol{Q}(k)\boldsymbol{\omega}(k+1)\right)$$

$$\boldsymbol{J}\boldsymbol{\omega}(k+1) = \boldsymbol{J}\boldsymbol{\omega}(k) + \Delta T(\boldsymbol{u}(k+1) - \boldsymbol{\omega}(k)^{\times} \boldsymbol{J}\boldsymbol{\omega}(k)) \quad (7-34)$$

把式(7-34)进行整合变形,可以得到更加紧凑的约束方程:

$$\boldsymbol{Dz} = \boldsymbol{G} \quad (7-35)$$

其中,

$$\boldsymbol{z} = [\boldsymbol{u}^{\mathrm{T}}(k+1), \boldsymbol{\omega}^{\mathrm{T}}(k+1), \boldsymbol{q}^{\mathrm{T}}(k+1)]^{\mathrm{T}} \quad (7-36)$$

$$\boldsymbol{D} = \begin{bmatrix} -\Delta T \boldsymbol{I}_{3\times3} & \boldsymbol{J} & \boldsymbol{0}_{3\times4} \\ \boldsymbol{0}_{4\times3} & -0.5\Delta T \boldsymbol{Q}(k) & \boldsymbol{I}_{4\times4} \end{bmatrix} \quad (7-37)$$

$$\boldsymbol{G} = \begin{bmatrix} \boldsymbol{J}\boldsymbol{\omega}(k) - \Delta T \boldsymbol{\omega}(k)^{\times} \boldsymbol{J}\boldsymbol{\omega}(k) \\ \boldsymbol{q}(k) \end{bmatrix} \quad (7-38)$$

$$\boldsymbol{Q}(k) = \begin{bmatrix} -q_1(k) & -q_2(k) & -q_3(k) \\ q_0(k) & -q_3(k) & q_2(k) \\ q_3(k) & q_0(k) & -q_1(k) \\ -q_2(k) & q_1(k) & q_0(k) \end{bmatrix} \quad (7-39)$$

因此,式(7-33)的最优姿态控制问题可以转化成以下形式:

$$\min: J = \boldsymbol{z}^{\mathrm{T}} \boldsymbol{H}_u \boldsymbol{z}$$

$$s.t. \begin{cases} \boldsymbol{Dz} = \boldsymbol{G}, |\boldsymbol{z}| \leqslant \gamma_z \\ \boldsymbol{z}^{\mathrm{T}} \boldsymbol{H}_f \boldsymbol{z} \leqslant 0, \boldsymbol{z}^{\mathrm{T}} \boldsymbol{H}_m \boldsymbol{z} \geqslant 0, \boldsymbol{z}^{\mathrm{T}} \boldsymbol{H}_q \boldsymbol{z} = 1 \\ \boldsymbol{z}(t_0) = \boldsymbol{z}_0, \boldsymbol{z}(t_f) = \boldsymbol{z}_f \end{cases} \quad (7-40)$$

由文献[10]可知,式(7-40)的最优控制问题实质是非凸二次约束二次规划问题,而且包括了有界约束。由于这类问题属于 NP 难问题,不能用精确算法求解,必须寻求这类问题的有效的近似算法。

为了便于求解,将非凸二次约束二次规划问题推广到以下一般形式:

$$\min: \boldsymbol{x}^{\mathrm{T}} \boldsymbol{Q}^0 \boldsymbol{x} + (\boldsymbol{q}^0)^{\mathrm{T}} \boldsymbol{x}$$

$$s.t. \begin{cases} \boldsymbol{x}^{\mathrm{T}} \boldsymbol{Q}^l \boldsymbol{x} + (\boldsymbol{q}^l)^{\mathrm{T}} \boldsymbol{x} + c_l \leqslant 0, l = 1, 2, \cdots, L \\ \boldsymbol{A} \boldsymbol{x} \leqslant \boldsymbol{b}, \\ \boldsymbol{f} \leqslant \boldsymbol{x} \leqslant \boldsymbol{F} \end{cases} \tag{7-41}$$

式中,$\boldsymbol{Q}^l \in \mathbf{R}^{n \times n} (l = 0, 1, \cdots, L)$ 是任意的对称矩阵,$\boldsymbol{q}^l \in \mathbf{R}^n (l = 0, 1, \cdots, L)$,$c_l \in \mathbf{R} (l = 0, 1, \cdots, L)$,$l$ 表示约束数量;$\boldsymbol{A}$ 是 $m \times n$ 的实矩阵,$\boldsymbol{b} \in \mathbf{R}^m$;$\boldsymbol{f} \in \mathbf{R}^n$ 和 $\boldsymbol{F} \in \mathbf{R}^n$ 分别表示 $\boldsymbol{x}$ 的上界和下界。为了之后算法表示方便,定义集合 $\boldsymbol{\Psi} = \{\boldsymbol{x} \in \mathbf{R}^n : \boldsymbol{A}\boldsymbol{x} \leqslant \boldsymbol{b}\}$,$\boldsymbol{\Omega} = \{\boldsymbol{x} \in \mathbf{R}^n : \boldsymbol{f} \leqslant \boldsymbol{x} \leqslant \boldsymbol{F}\}$。

一般情况下,$\boldsymbol{Q}^l$ 是非正定矩阵的,那么该问题就是一个非凸二次约束二次规划问题。

7.4.2　基于分支定界的姿态机动路径规划方法

分支定界算法作为全局优化的主要算法之一,首先由 Land Doig 等提出。它既可以求解纯整数规划,也可以求解混合整数规划。

分支定界算法的基本思想是对有约束条件最优化问题的所有可行解空间进行搜索。在相应的方法中,可行域得到松弛,并且被逐步分割为越来越多的子部分(称为分支),在这些部分内,确定目标函数值的上界和下界(称为定界),当算法进行到某个阶段,对于下界超过当前所发现较好上界的可行域部分,无须进一步分支,对此进行剪枝,由于可行域的这部分不包含最优解,从而缩小了搜索范围。这一过程反复进行直到找出可行解为止,该可行解的值不大于任何子集的界限。

其标准步骤如下所述[11]:

算法 7-3:

1　如果问题的目标是最小指为最优,则设定目前最优解的值等于无穷。

2　根据分枝法则,从尚未被搜索的节点(局部解)中选择一个节点,并在此节点的下一阶层中分为几个新的节点。

3　计算每一个新分枝出来的节点的下限值。

4　对每一节点进行搜索条件测试,若节点满足以下任意一个条件,则此节点被列为可搜索点并且在之后不再被考虑:

(a)此节点的下限值大于等于最优值;

(b)已找到在此节点中,具最小下限值的可行解;若此条件成立,则需比较此可行解与最优值,若前者较小,则需更新最优值,便以此为可行解的值;

(c)此节点不可能包含可行解。

5　判断是否仍有尚未被搜索的节点,如果有,则进行步骤 2;如果已无尚未被搜索的节点,则演算停止,并得到最优解。

下面按照上一节介绍的标准分支界定算法来解决 NQCQP 问题。分支策略是构建在将 $\boldsymbol{\Omega}$ 细分成更小的超矩形的基础之上的。就每一个节点 p 而言,$\boldsymbol{x}$ 的可行域为 $\boldsymbol{\Omega}^p$,$\boldsymbol{\Omega}^p$ 是 $\boldsymbol{\Omega}$ 的相关子集。对于任意可行的 $\boldsymbol{x}$,函数 $f(\boldsymbol{x})$ 都有一个下界,用 $\bar{z}^p$ 来表示。算法主要通过提取具有最小 $\bar{z}^p$ 值的节点,求出它的线性松弛,然后用 $\boldsymbol{\Omega}^p$ 来替换 $\boldsymbol{\Omega}$。如果线性松弛的最优解在 NQCQP 问题上是可行的,就可以将该最优解和最优解的指标值分配到 $(\boldsymbol{x}^*,z^*)$,即当前最好的可行解和指标值。设定 $f^0(\boldsymbol{x})=\boldsymbol{x}^{\mathrm{T}}\boldsymbol{Q}^0\boldsymbol{x}$,分支定界具体算法如下:

算法 7-4:

1　初始化:$\boldsymbol{\Omega}^0=\boldsymbol{\Omega},z^*=\infty,\bar{z}^0=-\infty,\text{LIST}=\{(\boldsymbol{\Omega}^0,\bar{z}^0)\},k=0$;

2　如果 $\text{LIST}=\varnothing$,则停止,$\boldsymbol{x}^*$ 是 NQCQP 问题的最优值;

3　从具有最小 $\bar{z}^p$ 值的 LIST 中选择并删除实例 $(\boldsymbol{\Omega}^p,\bar{z}^p)$。
求解如下线性松弛,记做 REL^p:

$$v(p)=\min:\boldsymbol{S}^0+(\boldsymbol{q}^0)^{\mathrm{T}}\boldsymbol{x}$$

$$s.t.\begin{cases}(\boldsymbol{S}_{\min}^l)^p\leqslant\boldsymbol{S}_j^l\leqslant(\boldsymbol{S}_{\max}^l)^p\\\displaystyle\sum_{j=1}^n\boldsymbol{S}_j^l+(\boldsymbol{q}^l)^{\mathrm{T}}\boldsymbol{x}+\mathrm{c}_l\leqslant0\\\boldsymbol{x}\in\{\boldsymbol{Ax}\leqslant\boldsymbol{b},\boldsymbol{f}\leqslant\boldsymbol{x}\leqslant\boldsymbol{F}\}\cap\boldsymbol{\Omega}^p\end{cases}$$

如果 REL^p 不可行,则跳转至第 2 步。否则 REL^p 的最优解表示为 $(\boldsymbol{x}^p,\boldsymbol{S}^p)$;

4　(a) 如果 $v(p)<z^*$ 且 $\left|\dfrac{\boldsymbol{\psi}(x_k^{(n)})-\boldsymbol{\psi}_0}{\boldsymbol{\psi}_0}\right|\leqslant\varepsilon$ 满足,则跳转至第 2 步;

　　(b) 如果 $\boldsymbol{x}^p$ 在 NQCQP 中不可行,则跳转至第 5 步骤;

　　(c) ($\boldsymbol{x}^p$ 在 NQCQP 中可行,且 $v(p)<z^*$)

　　　　如果 $f(\boldsymbol{x}^p)<z^*$,则,更新 $z^*=f(\boldsymbol{x}^p)$,$\boldsymbol{x}^*=\boldsymbol{x}^p$,且从 LIST 中删除所有满足 $\bar{z}^p\geqslant z^*$ 的实例;

　　　　如果 $f^0(\boldsymbol{x}^p)>(\boldsymbol{S}_{\mathrm{Min}}^l)^0$,则跳转至第 5 步,否则跳转至第 2 步。

5　将 $\boldsymbol{\Omega}^p$ 细分成两个超矩形 $\boldsymbol{\Omega}^{k+1}=\{\boldsymbol{x}\in\boldsymbol{\Omega}^p:\boldsymbol{f}^{k+1}\leqslant\boldsymbol{x}\leqslant\boldsymbol{F}^{k+1}\}$ 和 $\boldsymbol{\Omega}^{k+2}=\{\boldsymbol{x}\in\boldsymbol{\Omega}^p:\boldsymbol{f}^{k+2}\leqslant\boldsymbol{x}\leqslant\boldsymbol{F}^{k+2}\}$,那么 $\boldsymbol{\Omega}^p=\boldsymbol{\Omega}^{k+1}\cup\boldsymbol{\Omega}^{k+2}$ 而且 $\boldsymbol{\Omega}^{k+1}\cap\boldsymbol{\Omega}^{k+2}=\varnothing$。
令 $\bar{z}^r=v(p)$,$r=k+1,k+2$。添加到 $\text{LIST}=(\boldsymbol{\Omega}^r,\bar{z}^r)$,$r=k+1,k+2$,且令 $k=k+2$。
跳转至第 3 步骤。

在算法 7-4 中,为了对问题进行简要的阐明,在步骤 5 中只将父代超矩形 $\boldsymbol{\Omega}^p$ 分支为两个超矩形。在实际计算中可以将 $\boldsymbol{\Omega}^p$ 分支成所需要的任意数量的超矩形。

需要注意的是,为了在 NQCQP 中获得更好的二次函数近似值,步骤 5 中的分支操作必须是一致的。也就是说,当算法生成一个超矩形序列 $\{\boldsymbol{\Omega}^p\}$ 时,必须满足:

当 $p\to\infty$ 时,$\max\{(\boldsymbol{F}^p-\boldsymbol{f}^p)\mid\boldsymbol{Q}^p\mid(\boldsymbol{F}^p-\boldsymbol{f}^p):l=1,2,\cdots,L\}\downarrow0$。

　　显然,对于有穷的情况,在获得最优解之后,算法将会结束。对于无穷的情况而言,也可以证明。

　　为了对算法进一步说明,首先通过求解一个数学算例来进行验证。

　　考虑如下问题:

$$\min: \begin{bmatrix} x_1 & x_2 \end{bmatrix} \begin{bmatrix} 1 & 2 \\ -1 & -1 \end{bmatrix} \begin{bmatrix} x_1 \\ x_2 \end{bmatrix} + \begin{bmatrix} 1 & 1 \end{bmatrix} \begin{bmatrix} x_1 \\ x_2 \end{bmatrix}$$

$$s.t. \begin{cases} \begin{bmatrix} x_1 & x_2 \end{bmatrix} \begin{bmatrix} 1 & 2 \\ -1 & -1 \end{bmatrix} \begin{bmatrix} x_1 \\ x_2 \end{bmatrix} \leqslant 6 \\ x_1 + x_2 \leqslant 4 \\ 0 \leqslant x_1 \leqslant 4 \\ 0 \leqslant x_2 \leqslant 4 \end{cases}$$

具体的分支定界算法可以通过图 7-15 进行。

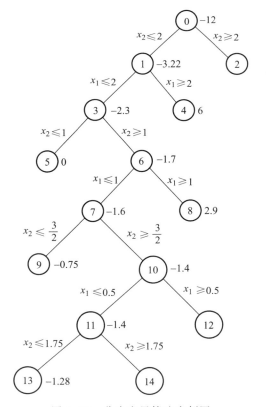

图 7-15　分支定界算法实例图

Fig.7-15　Example of branch and bound algorithm

最终当 $q = 13$ 时,求出最优解 $(x_1, x_2) = (0, 3^{0.5})$,最优值为 -1.28。

步骤 3 中选择具有最小下界 z^p 作为实例是非常必要的,这不仅仅是一种启发式方法。如果违反这一规则的话,会获得一个不可行点的无穷序列 $\{x^p\}$,这些不可行点会收敛到某一个可行的但在 NQCQP 上并非最优的点。在处理约束姿态机动问题中,构造的维数比较复杂,但是某些近似解最优性和可行已经达到了任务需求,不需要精确到小数点后很多位。所以为了提高算法效率性,可以通过设定某些容忍值 ε,使当 $\max\{(F^p - f^p)|Q^p|(F^p - f^p) : l = 1, 2, \cdots, L\} \leqslant \varepsilon$ 时,停止进一步分支。

7.4.3 仿真与分析

仿真条件如表 7-3 所示,不仅考虑了禁忌约束,而且考虑强制约束。同样航天器在 $[0, 0, 1]^T$ 方向安装了一个红外望远镜,在 $[0, 1, 0]^T$ 方向安装了太阳能帆板。所以不仅要保证红外望远镜规避 4 个禁忌约束,而且要求太阳能帆板满足 1 个强制约束。其中第三个约束是太阳,对于红外望远镜是禁忌约束,而对于太阳能帆板是强制约束。

表 7-3   仿真条件
Table 7-3   Simulation conditions

变量	值
J	$\mathrm{diag}(100, 120, 130) \, \mathrm{kg \cdot m^2}$
q_0	$[0.6469, 0.0347, 0.7224, 0.2417]^T$
ω_0	$[0, 0, 0] \, \mathrm{rad/s}$
q_f	$[-0.1012, 0.9269, -0.2145, 0.0224]^T$
ω_f	$[0, 0, 0] \, \mathrm{rad/s}$
γ_ω	$0.05 \, \mathrm{rad/s}$
γ_T	$1 \, \mathrm{N \cdot m}$
θ_1	$20°$
θ_2	$30°$
$\theta_3(\lambda)$	$60°$
θ_4	$20°$
r_B	$[0, 0, 1]^T$
v_B	$[0, 1, 0]^T$
r_{11}	$[-0.7660, 0, 0.6428]^T$
r_{12}	$[0.2432, 0.9077, -0.3420]^T$
r_{13}	$[-0.5000, -0.8660, 0]^T$
r_{14}	$[-0.4924, 0.0868, -0.8660]^T$

图 7-16 表示航天器天球坐标系下的姿态机动路径,图中环形区域表示禁忌约

束,值得注意的是,小三角形围成的环形区域对于红外望远镜是禁忌约束,在机动过程中需要规避,而对于太阳能帆板是强制约束,在机动过程中要在该区域内。粗实线表示红外望远镜姿态机动路径,◆表示初始点位置,★表示目标点位置。点划线表示太阳能帆板的姿态机动路径,■表示初始点位置,●表示目标点位置。从结果可以看出,红外望远镜的姿态机动路径是安全的,而且太阳能帆板成功捕获太阳进行充能。

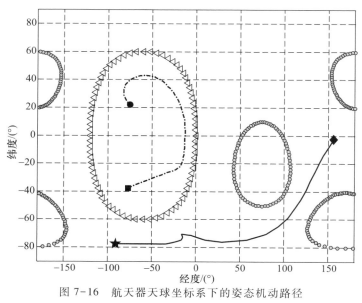

图 7−16　航天器天球坐标系下的姿态机动路径

Fig.7−16　Attitude maneuver path in the celestial coordinate system of spacecraft

图 7−17 至图 7−19 分别展示了采用分支定界方法求解航天器姿态机动过程中

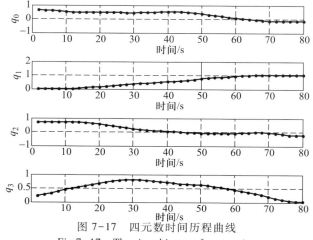

图 7−17　四元数时间历程曲线

Fig.7−17　The time history of quaternion

的四元数、角速度以及控制力矩的时间历程曲线。从图中可知,角速度以及控制力矩的有界约束得到很好的保证,均满足最大设定值的要求,同样可求出能量消耗为10.325 3,相比于采用评价迭代求出的结果能量消耗降低了 64.07%。

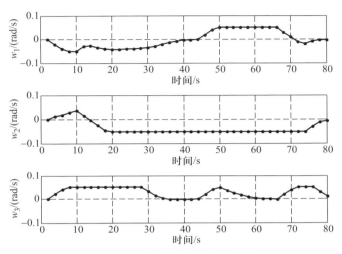

图 7-18　角速度时间历程曲线

Fig.7-18　The time history of angular velocity

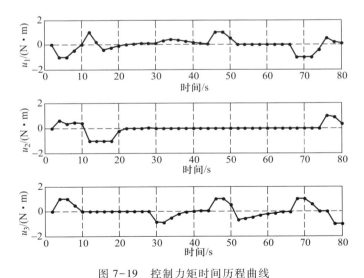

图 7-19　控制力矩时间历程曲线

Fig.7-19　The time history of control torque

为了进一步验证本节所提算法的效率,从满足约束情况和能量消耗两方面与其他几种方法进行对比,结果如表 7-4 所示。

表 7-4　多种算法比较

Table 7-4　Comparison of various algorithms

规划算法	评判标准		
	禁忌约束	强制约束	能量消耗/$(N \cdot m)^2$
SDP	部分满足	不满足	—
Tomlab	√	不满足	114.685 0
秩最小化迭代方法	√	√	41.247 4
松弛迭代方法	√	√	23.737 2
分支定界方法	√	√	10.325 3

本节从能量最优角度出发,对所有约束利用状态空间方法进行表述,归纳成一个 NQCQP 问题。本章首先引入线性松弛技术,将该问题转化成双线性规划问题,求出其中一个变量的凸包络和凹包络,降低求解复杂度,最终求出原问题的一个线性松弛。利用线性松弛求出的解作为初值,通过评价函数进行迭代规划,最终求出原问题的近优解。然后在所提线性松弛和评价函数的基础上,利用分支定界方法给出了算法的收敛性证明,求出原问题的最优解。通过对比仿真可以看出该方法可以满足复杂的姿态约束,而且路径所消耗的能量也得到有效减少。

7.5　多约束下时间最优姿态机动路径规划

航天器可以通过限制最大控制力矩有效减少姿态机动过程中的能量消耗,但在执行灾难预警、科学探测以及军事应用等任务时,经常要求卫星在较短的时间内从当前姿态机动到给定期望姿态[12-15]。因此对多约束下时间最优姿态机动问题进行研究是很有必要的。伪谱法作为一种解决最优控制问题的直接方法,在求解时间最优控制的应用中体现出了许多优点,Fleming 首次在无指向约束情况的航天器时间最优机动问题中应用了伪谱法[10]。在考虑指向约束情况下,伪谱法依然可以处理约束简单的时间最优机动问题,但是在处理多约束情况下的能力是有限的[16]。针对指向约束和有界约束同时存在的情况,Spiller 等将元启发式算法引入该问题中,将逆动力学方法和粒子群算法结合在一起,最终获得了禁忌约束下时间最优姿态机动路径。但是该方法为了提高收敛效率,仅仅考虑了单轴姿态受限的情况。

本节在研究伪谱法的基础上,提出了一种元启发式算法,对全约束下时间最优姿态机动问题进行求解,并比较了这两种方法的优劣性。

7.5.1　ATDE 算法全约束时间最优问题求解

高斯伪谱方法是一种离散控制变量和状态变量的直接法,其易于求出全局最优解。其虽然利用离散逼近将难以解决的优化控制问题转换成了容易求解的非线性规划问题,但也正是这种非一致离散节点引入了另一个问题:由于对于节点之间的约束并未给出合适的处理,从而导致节点之间不一定满足约束,特别是中间稀疏节点之间更是如此,所以当约束数量和约束种类比较多时处理起来会比较困难。

将全约束下时间最优姿态机动问题归纳为以下形式:

$$\min : J = \int_{t_0}^{t_f} \mathrm{d}t \quad (性能指标)$$

$$s.t. \begin{cases} J\dot{\boldsymbol{\omega}} = \boldsymbol{u} - \boldsymbol{\omega}^{\times} J\boldsymbol{\omega} \quad (动力学约束) \\ \dot{\boldsymbol{q}} = \dfrac{1}{2} \boldsymbol{Q} \boldsymbol{\omega} = \dfrac{1}{2} \boldsymbol{\Omega} \boldsymbol{q} \quad (运动学约束) \\ -\gamma_u \leqslant u_i \leqslant \gamma_u \quad (i = 1,2,3) \quad (控制力矩有界约束) \\ -\gamma_w \leqslant \omega_i \leqslant \gamma_w \quad (i = 1,2,3) \quad (角速度有界约束) \\ \boldsymbol{q}(t)^{\mathrm{T}} \boldsymbol{K}_f \boldsymbol{q}(t) \leqslant 0 \quad (禁忌约束) \\ \boldsymbol{q}(t)^{\mathrm{T}} \boldsymbol{K}_m \boldsymbol{q}(t) \geqslant 0 \quad (强制约束) \\ \boldsymbol{q}(t)^{\mathrm{T}} \boldsymbol{q}(t) = 1 \quad (归一化约束) \\ q(t_0) = q_0, \omega(t_0) = \omega_0 \quad (初始条件) \\ q(t_f) = q_f, \omega(t_f) = \omega_f \quad (终端条件) \end{cases} \quad (7-42)$$

针对这一优化问题,本节受 Spiller 等启发引入元启发式算法思想,提出了一种基于角速度和时间的编码方法,而且将复杂约束构建成算法中的评价函数,将时间最优路径规划问题转换成中间节点寻优的最优化问题。然后采用差分进化算法[17-18]进行优化,求出满足约束的姿态机动路径,该算法称为 ATDE 算法,算法流程如图7-20 所示。本节首先介绍提出的编码方法和所构建的评价函数,然后给出了详细的算法流程。

在实际工程中的姿态控制系统中,控制力矩会以 bang-bang 控制形式给出[19-20],航天器姿态机动路径的本质是一系列由加速、匀速或者减速有序姿态状态的集合,对姿态机动路径进行规划就是规划每一时刻航天器所处的姿态,显然需要一种能够贴合这种实际情况的姿态机动路径模拟方法。

这里提出了一种基于角速度和时间的编码方法,对于不能够一次欧拉旋转就完成的姿态机动中间存在一个或多个节点,用作多个欧拉旋转的中转节点。如图 7-21所示,整个机动过程可以分为角速度变化和角速度保持两种情况。这种方式模拟了实际机动过程中角速度变化的过程,避免了出现角速度突变、角加速度要求较大的情形,规划的姿态路径不会违背动力学约束。

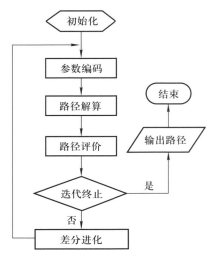

图 7-20   ATDE 算法流程图

Fig.7-20   Flow chart of ATDE algorithm

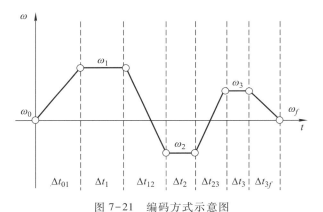

图 7-21   编码方式示意图

Fig.7-21   Concept map of coding

这种编码方式实质是机动路径中有 n 个中间姿态节点,图 7-21 描述了当 $n=3$ 的一种情况。那么编码的个体向量为:

$$\boldsymbol{P} = (\ \Delta t_{01} \quad \boldsymbol{\omega}_1^{\mathrm{T}} \quad \Delta t_1 \quad \Delta t_{12} \quad \boldsymbol{\omega}_2^{\mathrm{T}} \quad \boldsymbol{\Delta t}_2 \quad \cdots \quad \Delta t_{(n-1)n} \quad \boldsymbol{\omega}_n^{\mathrm{T}} \quad \Delta t_n \quad \Delta t_{nf})$$

$$(7 - 43)$$

式中, $\boldsymbol{\omega}_i$ 为第 i 个节点的姿态角速度, $i \in 1,2,\cdots,n$; $\Delta t_{(i-1)i}$ 为第 $i-1$ 个节点向第 i 个节点变化的时间; Δt_i 为保持第 i 个节点角速度不变的时间;下标 0 表示起始点,下标 f 表示目标点。那么总的机动时间为:

$$t_f = \Delta t_{01} + \Delta t_1 + \Delta t_{12} + \Delta t_2 + \cdots + \Delta t_{(n-1)n} + \Delta t_n + \Delta t_{nf} \qquad (7-44)$$

已知角速度和时间,由欧拉方程可以求出控制力矩和姿态四元数:

$$\boldsymbol{u}(k+1) = \frac{\boldsymbol{J}\boldsymbol{\omega}(k+1) - \boldsymbol{J}\boldsymbol{\omega}(k)}{\Delta T} + \boldsymbol{\omega}(k) \times \boldsymbol{J}\boldsymbol{\omega}(k)$$

$$\boldsymbol{q}(k+1) = \boldsymbol{q}(k) + \Delta T\left(\frac{1}{2}\boldsymbol{Q}(k)\boldsymbol{\omega}(k+1)\right) \qquad (7-45)$$

那么,一条有序的姿态状态的集合 $\boldsymbol{X}[\boldsymbol{u}^{\mathrm{T}}(k), \boldsymbol{\omega}^{\mathrm{T}}(k), \boldsymbol{q}^{\mathrm{T}}(k)]^{\mathrm{T}}, (k \in 1, 2, \cdots, k_{\max})$ 可以被求出,且

$$k_{\max} = \frac{t_f}{\Delta T} \qquad (7-46)$$

式中,ΔT 为选取的一个常数,$k_{\max}$ 随 t_f 的变化而变化,$k_{\max}$ 和 ΔT 成反比。也就是说,ΔT 取值越小,路径节点就越多,路径离散的精度就越高。

7.5.2　评价函数构造

评价函数设置为越小越好型,通过寻找评价函数的最小值来得到最优路径。评价函数主要分为机动时间、路径指向约束、能量有界约束和终端约束四个部分。

机动时间的评价函数选为:

$$J_t = t_f \qquad (7-47)$$

路径指向约束的评价函数也分为两种,针对禁忌约束:

$$J_{g1} = \begin{cases} \exp(\boldsymbol{q}^{\mathrm{T}}(k)\boldsymbol{K}_f\boldsymbol{q}(k)) - 1 & \text{if } \boldsymbol{q}^{\mathrm{T}}(k)\boldsymbol{K}_f\boldsymbol{q}(k) > 0 \\ 0 & \text{else} \end{cases} \qquad (7-48)$$

相反地,对于强制约束评价函数为:

$$J_{g2} = \begin{cases} \exp(-\boldsymbol{q}^{\mathrm{T}}(k)\boldsymbol{K}_m\boldsymbol{q}(k)) - 1 & \text{if } \boldsymbol{q}^{\mathrm{T}}(k)\boldsymbol{K}_m\boldsymbol{q}(k) < 0 \\ 0 & \text{else} \end{cases} \qquad (7-49)$$

那么总的指向约束评价函数为:

$$J_g = \sum_{k=1}^{k_{\max}} (J_{g1} + J_{g2}) \qquad (7-50)$$

能量有界约束的评价函数取为:

$$J_{ui} = \begin{cases} \exp(|u_i(k)| - \gamma_T) - 1 & \text{if } |u_i(k)| > \gamma_T \\ 0 & \text{else} \end{cases} \qquad (7-51)$$

$$J_u = \sum_{k=1}^{k_{\max}} \sum_{i=1}^{3} J_{ui}$$

最后,为了满足终端约束,必须保证递推的最后一步姿态与要求的目标姿态相等,即保证四元数差 $\boldsymbol{q}_e$ 尽量小。

$$\boldsymbol{q}_e = \boldsymbol{Q}_{k_{\max}}^* \otimes \boldsymbol{Q}_f \qquad (7-52)$$

式中,$\boldsymbol{q}_e = [\begin{array}{cccc} q_{e0} & q_{e1} & q_{e2} & q_{e3} \end{array}]^T$。因此,终端约束的评价函数可以选取为:

$$J_q = -\lg\left(\left|\frac{q_{e0}+1}{2}\right|\right) \tag{7-53}$$

最终,总的评价函数为:

$$J = J_t + J_g + J_u + J_q \tag{7-54}$$

至此,我们将时间最优约束姿态机动问题转化成寻找个体向量 $\boldsymbol{P}$ 使总评价函数 J 最小的优化问题,然后采用 DE 算法进行优化迭代,最终找到最优解。

具体算法流程如下:

(1) 初始化。

利用 NP 个个体向量 $\boldsymbol{P}$ 作为每一代的种群,每个个体表示为:

$$\boldsymbol{P}_{i,G}(i = 1,2,\cdots,NP) \tag{7-55}$$

式中,i 表示个体在种群中的序号;G 表示进化代数;NP 为种群规模,在优化过程中 NP 保持不变。

初始化就是生成优化搜索的初始种群。为了避免过分影响收敛效率,通常寻找初始种群的一个方法是从给定边界约束内的值中随机选择。在整个算法中,一般假定对所有随机初始化种群均符合均匀概率分布。设参数变量的界限为 $\boldsymbol{P}_j^{(L)} < \boldsymbol{P}_j < \boldsymbol{P}_j^{(U)}$,$\boldsymbol{P}_j$ 表示 $\boldsymbol{P}$ 的第 j 维向量($j = 1,3,\cdots,D$),则初始化种群为:

$$\boldsymbol{P}_{i,0} = \mathrm{rand}(0,1) \cdot (\boldsymbol{P}_j^{(U)} - \boldsymbol{P}_j^{(L)}) + \boldsymbol{P}_j^{(L)} \tag{7-56}$$

式中,$\mathrm{rand}(0,1)$ 表示在 $[0,1]$ 之间产生的均匀随机数。

(2) 变异。

对于每个个体向量 $\boldsymbol{P}_{i,G}$,变异向量如下产生:

$$\boldsymbol{v}_{i,G+1} = \boldsymbol{P}_{r_1,G} + F \cdot (\boldsymbol{P}_{r_2,G} - \boldsymbol{P}_{r_3,G}) \tag{7-57}$$

式中,随机选择的序号 r_1、r_2、r_3 互不相同,且 r_1、r_2、r_3 与个体向量序号 i 也应不同,所以须满足 $NP \geqslant 4$;变异算子 $F \in [0,2]$ 是一个实常数因数,控制偏差变量的放大作用。

(3) 交叉。

为了增加个体向量的多样性,引入交叉操作。取试验向量为:

$$\boldsymbol{Y}_{i,G+1} = (y_{i1,G+1}, y_{i2,G+1}, \cdots, y_{iD,G+1}) \tag{7-58}$$

$$\boldsymbol{Y}_{ij,G+1} = \begin{cases} \boldsymbol{v}_{ij,G+1}, & \text{if } \mathrm{rand}(0,1) \leqslant \mathrm{CR} \| j = r_n \\ \boldsymbol{X}_{ji,G+1}, & \text{if } \mathrm{rand}(0,1) \geqslant \mathrm{CR} \& j \neq r_n \end{cases} \tag{7-59}$$

式中,CR 为交叉概率,取值范围为 $[0,1]$;r_n 为 $[1,2,\cdots,D]$ 内的随机整数。

(4) 选择。

按照贪婪准则将试验向量 $\boldsymbol{Y}_{i,G+1}$ 与当前种群中的个体向量进行比较,决定试验向量是否会成为下一代中的成员。按照评价函数,具有较小评价函数值的向量将保存在下一代种群中。下一代中的所有个体都比当前种群的对应个体更佳或者至少一样好。在选择程序中试验向量只与一个个体相比较,而不是与现有种群中的所有个体相比较。

（5）收敛条件。

在有边界约束的问题中,确保产生新个体的参数值位于问题的可行域中是必要的,一个简单方法是将不符合边界约束的新个体用在可行域中随机产生的向量代替。即若 $Y_{ij,G+1} < P_j^{(L)}$ 或者 $Y_{ij,G+1} > P_j^{(U)}$,那么

$$Y_{ij,G+1} = \mathrm{rand}(0,1) \cdot (P_j^{(U)} - P_j^{(L)}) + P_j^{(L)} \qquad (7-60)$$

最终,我们将时间最优约束姿态机动问题转化为寻找个体向量 P 使总评价函数 J 最小的优化问题,然后重复以上过程,直到收敛到最优解。

7.5.3 仿真与分析

仿真条件:在航天器 $[0,0,1]^{\mathrm{T}}$ 方向安装了一个红外望远镜,在本体系下的方向矢量为 r_B;两个强光天体方向矢量在惯性系下的分量为 r_{I1} 和 r_{I2},要求 r_B 与 r_{I1} 之间的最小夹角为 θ_1,r_B 与 r_{I2} 之间的最小夹角为 θ_2;航天器初始姿态和角速度分别为 q_0、ω_0,目标姿态和角速度分别为 q_f、ω_f;星体惯性矩阵为 J,机动角速度的最大幅值为 γ_ω,控制力矩的最大幅值为 γ_u。具体数值如表 7-5 所示。

表 7-5　仿真参数

Table 7-5　Simulation conditions

变量	值
J	$\mathrm{diag}(2000,2000,2000)\,\mathrm{kg \cdot m^2}$
q_0	$[0,0,0,1]^{\mathrm{T}}$
ω_0	$[0,0,0]\,\mathrm{rad/s}$
q_f	$[-0.383,0,0.926,0]^{\mathrm{T}}$
ω_f	$[0,0,0]\,\mathrm{rad/s}$
γ_ω	$0.1\,\mathrm{rad/s}$
γ_u	$0.36\,\mathrm{N \cdot m}$
θ_1	$15°$
θ_2	$15°$
r_B	$[0,0,1]^{\mathrm{T}}$
r_{I1}	$[0.75,-0.17,0.64]^{\mathrm{T}}$
r_{I2}	$[0.97,0.21,-0.08]^{\mathrm{T}}$

采用本节描述的 ATDE 算法进行求解,ΔT 选为 1 s 时,机动过程总共耗时 178 s,路径节点为 178 个。图 7-22 表示航天器天球坐标系下姿态机动路径。可以看出,在

机动过程中红外望远镜成功地规避了强光天体,机动路径是安全的。

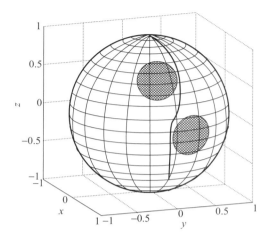

图 7-22　航天器天球坐标系下的姿态机动路径

Fig.7-22　Attitude maneuver path in the celestial coordinate system of spacecraft

图 7-23 至图 7-25 分别展示了航天器姿态机动过程中的四元数、角速度以及控制力矩的时间历程曲线。从图中可知,角速度以及控制力矩的有界约束得到了很好的保证,均满足最大设定值的要求。而且角速率和控制力矩变化平稳简单,易于工程实现。

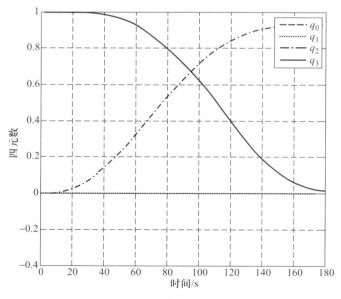

图 7-23　四元数时间历程曲线

Fig.7-23　The time history of quaternion

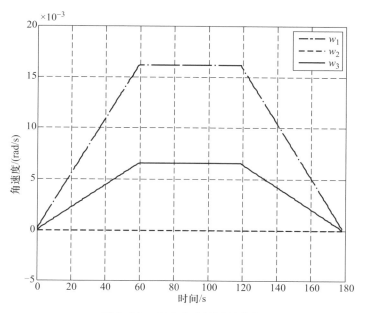

图 7-24 角速度时间历程曲线

Fig.7-24 The time history of angular velocity

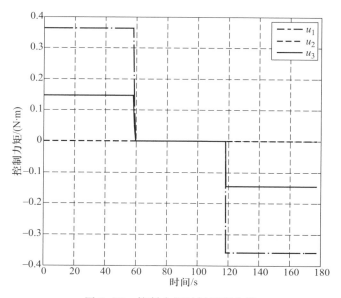

图 7-25 控制力矩时间历程曲线

Fig.7-25 The time history of control torque

以上仿真结果是利用单次 ATDE 算法求解结果,由于该方法具有一定随机性,所以为了不失一般性,采用 ATDE 算法随机运算 10 次,结果统计如表 7-6 所示。可以看出,每次消耗计算时间和求解出的机动时间趋于稳定,说明该方法是收敛的。求解出的机动时间平均值为 179.70 s,消耗的平均计算时间为 69.37 s。

表 7-6　采用 ATDE 算法 10 次结果统计

Table 7-6　Comparison of various algorithms

	计算时间 T_{ATDE}/s	机动时间 t_{f}/s
1	67.43	179.00
2	69.35	179.00
3	75.21	179.00
4	66.56	178.00
5	71.47	179.00
6	68.55	179.00
7	68.45	178.00
8	69.41	179.00
9	67.88	178.00
10	69.38	179.00
平均	69.37	179.70

以上仿真是针对 $\Delta T = 1$ 的情况。现在改变 ΔT 的值,来研究 ΔT 对算法的影响,对于每一个 ΔT 的取值,都采用 10 次结果取平均值作为仿真结果。图 7-26 展示了计算时间随 ΔT 变化的曲线,当 ΔT 小于 1 时,计算时间随 ΔT 的增加而缓慢减少;但是当 ΔT 大于 1 时,计算时间明显增加,这个结果说明当 ΔT 大于 1 时离散精度是不足够满足路径约束的,算法需要消耗较多的时间进行优化。图 7-27 展示了机动时间随 ΔT 变化的曲线,机动时间在一个最优值附近趋于稳定。由图 7-26 和图 7-27 可知,当 $\Delta T = 1$ 时,ATDE 算法所求的解的最优性是最好的。

将 ATDE 算法和伪谱法进行对比,如表 7-7 所示,两种方法都可以满足有界约束和指向约束,伪谱法规划出的机动时间为 284 s,ATDE 算法规划出的机动时间为 179.70 s,相比伪谱法缩短了 36.73%。伪谱法所消耗的计算时间为 58.13 s,ATDE 算法缩消耗的计算时间为 69.37 s,相比伪谱法增加了 19.34%。

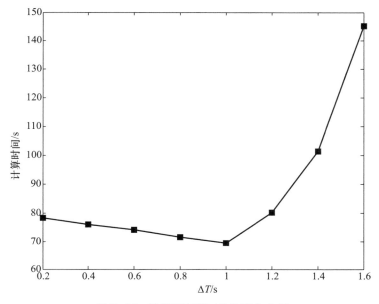

图 7-26   计算时间随 ΔT 的变化曲线

Fig.7-26   The computation time curve of the ATDE method with the value of ΔT

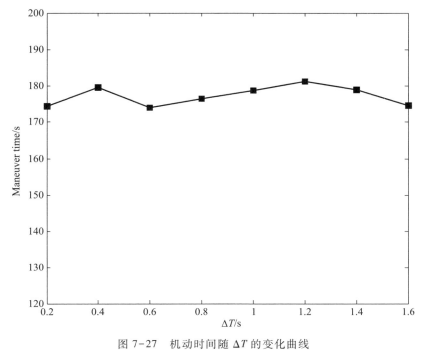

图 7-27   机动时间随 ΔT 的变化曲线

Fig.7-27   The maneuver time curve of the ATDE method with the value of ΔT

表 7-7　ATDE 算法和伪谱法的对比

Table 7-7　Comparison of the two algorithms

方法	评价指标			
	有界约束	指向约束	计算时间/s	机动时间/s
伪谱法	√	部分满足	58.13	284
ATDE	√	√	69.37	179.70

7.6　本 章 小 结

　　本章以多约束下航天器姿态机动问题为研究对象,通过对航天器面临的复杂约束进行描述和分析,结合快速搜索随机树、松弛迭代、分支定界、差分进化等技术,对多约束下航天器姿态机动路径规划与优化方法进行深入研究。

参 考 文 献

[1]　WANG H, XU R, WU C Q, et al. Goal-oriented planning and path parameterization for time-optimal spacecraft reorientation[C]. 68th International Astronautical Congress. Australia, 2017.

[2]　XU R, WANG H, XU W M, et al. Rotational-path decomposition based recursive planning for spacecraft attitude reorientation[J]. Acta Astronautica, 2018, 143: 212-220.

[3]　武长青. 多约束下航天器姿态机动路径规划与优化[D]. 北京:北京理工大学,2017.

[4]　程小军. 复杂约束下的航天器姿态机动规划与控制[D]. 哈尔滨:哈尔滨工业大学,2012.

[5]　XU R, WANG H, XU W M, et al. Onboard autonomous management system of SPARK Earth observation microsatellites[C]. 68th International Astronautical Congress. Australia, 2017.

[6]　MARKLEY F L, CRASSIDIS J L. Fundamentals of spacecraft attitude determination and control [M]. New York: Springer,2014.

[7]　董云峰. 卫星轨道与姿态动力学分析[M]. 北京:北京航空航天大学出版社,2015.

[8]　KIM Y, MESBAHI M, SINGH G, et al. On the constrained attitude control problem [C]. Providence,Rhode Island: AIAA Guidance,Navigation,and Control Conference,2004.

[9]　WIE B, WEISS H, ARAPOSTATHIS A. Quarternion feedback regulator for spacecraft eigenaxis rotations[J]. Journal of Guidance,Control,and Dynamics,1989,12(3): 375-380.

[10]　SEKHAVAT P, YAN H, FLEMING A, et al. Closed-loop time-optimal attitude maneuvering of magnetically actuated spacecraft[J]. The Journal of the Astronautical Sciences,2011,58(1): 81-97.

[11]　KVASOV D E,SERGEYEV Y D. Deterministic approaches for solving practical black-box global optimization problems[J]. Advances in Engineering Software,2014,80:58-66.

[12]　NGUYEN H,PHAM Q C. Time-optimal path parameterization of rigid-body motions: applications

to spacecraft reorientation [J]. Journal of Guidance, Control, and Dynamics, 2016, 39 (7) :
1667-1671.

[13] BILIMORIA K, WIE B. Time-optimal reorientation of a rigid axisymmetric spacecraft [C]. New
Orleans, LA : AIAA Guidance, Navigation and Control Conference, 1991.

[14] LI J. Time-optimal three-axis reorientation of asymmetric rigid spacecraft via homotopic approach
[J]. Advances in Space Research, 2016, 57(10) : 2204-2217.

[15] LI J. Analysis of the inertially symmetric rigid spacecraft time-optimal three-axis reorientation [J/
OL]. Optimal Control Applications and Methods, 2016.

[16] MELTON R G. Constrained time-optimal slewing maneuvers for rigid spacecraft [J]. Advances in
the Astronautical Sciences, 2010, 135 : 107-126.

[17] OLDS A D, KLUEVER C A, CUPPLES M L. Interplanetary mission design using differential
evolution [J]. Journal of Spacecraft and Rockets, 2015, 44(44) : 1060-1070.

[18] GUO S M, YANG C C. Enhancing differential evolution utilizing eigenvector-based crossover
operator [J]. IEEE Transactions on Evolutionary Computation, 2015, 19(1) : 31-49.

[19] NAGI F, ZULKARNAIN A T, NAGI J. Tuning fuzzy bang-bang relay controller for satellite attitude
control system [J]. Aerospace Science and Technology, 2013, 26(1) : 76-86.

[20] ARANTES G, MARTINSFILHO L S, SANTANA A C. Optimal on-off attitude control for the
brazilian multimission platform satellite [J]. Mathematical Problems in Engineering, 2009 (4) :
266-287.

第8章 深空探测器任务规划技术应用

8.1 引　　言

深空探测器任务自主规划技术是构建自主深空探测器系统的核心部分。任务规划系统快速、正确地形成合理规划序列对提高深空探测器的实时响应能力、增加任务的可靠性和降低探测器的操作费用等方面都起着重要的作用。但是探测器任务规划系统很难在实际飞行中进行验证，因此该领域常用的方法是通过地面仿真的手段来对设计的理论方法进行验证和评估。

在前面几章中已经针对深空探测领域的知识的特点，在状态和状态时间线的基础上建立了一种规划系统知识模型，并针对深空探测器中的活动之间存在复杂时间约束及探测器子系统存在并行性和分布性的特殊情况，对基于时间约束网络的规划算法和基于多智能体的规划系统等内容进行了理论分析与研究。本章结合前面给出的理论模型和设计思想，给出了三种探测器任务规划技术应用实例，对探测器任务规划技术进行了仿真验证。

8.2 深空探测器多智能体任务规划仿真系统

针对深空探测器系统复杂、多系统并行的特点，在相关规划技术、控制操作技术研究的基础上，建立多智能体规划系统模型，进行深空探测器规划仿真系统的结构设计、通信设计、规划智能体设计和算法设计，建立基于多智能体的任务自主规划仿真系统。

8.2.1　仿真系统的总体设计

8.2.1.1　系统的目标

探测器任务规划系统是一个非常复杂的大系统，涉及许多技术领域。作为仿真对象的探测器是一个结构复杂、技术集成的电子机械系统，包含了许多分系统，如推进系统、姿态控制系统、动力学系统、导航系统、有效载荷系统等。建立此类复杂系统的任务规划仿真系统具有以下几个特点：

（1）探测器数学模型复杂，由线性/非线性微分方程、代数方程、传递函数、状态方程、非线性函数等组成，是一个计算密集型的对象模型；

（2）数据处理工作量大，规划过程中需要处理大量的活动数据、约束数据、资源数据以及各分系统参数和初始条件；

（3）故障注入机制：为了验证规划系统在探测器系统某些分系统出现故障时的规划系统性能，本系统应包括故障注入机制；

（4）仿真过程动态可视化，在仿真计算的同时将仿真过程中探测器位置运动、姿态运动以及探测器某些可动件等通过图像方式动态显示，以增加对物理系统的直观认识。

在这样的特点下建立的仿真系统主要完成下面几方面的任务：

（1）仿真探测器的任务规划和操作过程；

（2）仿真探测器任务的执行过程；

（3）验证规划系统方案和规划算法；

（4）为深空探测器自主任务规划设计和实现提供依据。

8.2.1.2　仿真系统的总体结构

考虑到探测器的特点和仿真的目的，探测器自主任务规划仿真系统总体结构如图 8-1 所示。主要对系统中的三部分进行仿真：一是地面系统，主要用于模拟实际飞行过程中的地面控制中心，功能是向探测器发送高级指令、接收探测器数据；二是探测器模型系统，主要是模拟探测器的实际运行情况，根据规划系统的规划结果，通过执行系统来实时改变探测器的状态，并通过三维显示系统来形象显示探测器的位置和姿态等数据；三是系统的核心，即本文设计的基于多智能体的规划系统，它主要是根据地面的高级指令及探测器的状态，由各个规划智能体协作产生下一段时间内为达到目标所必须完成的活动序列。

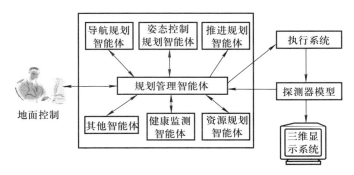

图 8-1　探测器任务规划仿真系统结构

Fig.8-1　Architecture of planning simulation system of spacecraft mission

8.2.2　基于 XML 的深空探测器规划知识管理系统设计

在第 2 章中，根据建立的基于状态时间线的规划知识模型，采用可扩展标识语言（XML）对深空探测器任务规划的知识进行了描述。该知识表示方法语义明确、规范严格,且具有很好的可扩展性,为规划知识的快速搜索和分布式处理提供了良好的机制。在基于多智能体的探测器任务规划系统中,规划知识是每个规划智能体进行规划、产生合理活动序列的基础。因此我们首先设计基于 XML 的探测器任务规划知识管理系统,该系统的结构如图 8-2 所示。规划知识管理系统主要完成两个功能:① 规划智能体在规划过程中对知识的获取(查询和检索);② 当探测器某些系统发生意外之后规划知识的重新构建。

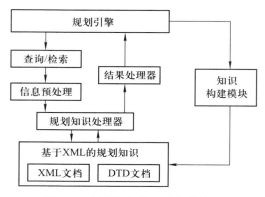

图 8-2　规划知识管理系统结构图

Fig.8-2　System architecture of planning knowledge management system

8.2.3　基于多智能体的探测器任务规划系统设计

8.2.3.1　多智能体规划系统中智能体类关系

根据通用智能体的特点和规划智能体的特殊性,我们设计了多智能体规划系统,该系统中涉及的主要对象包括:基本智能体、规划智能体、规划管理智能体、环境服务智能体、智能体之间的消息、具体的规划智能体、资源集、约束集、活动集等。

8.2.3.2　规划管理智能体

在基于多智能体的规划系统中,规划管理智能体是唯一的,它主要负责两方面的工作:规划过程中任务的分配和管理以及各个规划智能体之间的协调。它通过内部存储的全局数据对系统中的其他智能体提供名字服务、查询服务、订购服务、任务分配、任务管理和规划智能体的生存期服务。

规划管理智能体工作过程中的数据流模型图如图 8-3 所示。当多智能体规划系统启动以后,首先启动的便是规划管理智能体,它里面存储了系统的一些全局信息,如探测器的任务、初始状态等。每一个规划智能体加入后便首先向规划管理智能体注册其名字、地址和能力。采用此种机制,可以使整个多智能体规划系统中仅保存一份这样的所有智能体信息,规划管理智能体依靠这些信息给其他智能体提供名字服务和查询服务。

当前任务是根据规划区间从探测器上任务列表中进行查询得到。根据各个规划智能体的能力进行任务分配。在规划过程中通过消息机制对系统中的规划智能体进行协调,并最终生成满足每个智能体约束的合理规划,并将其发送给规划执行系统执行。

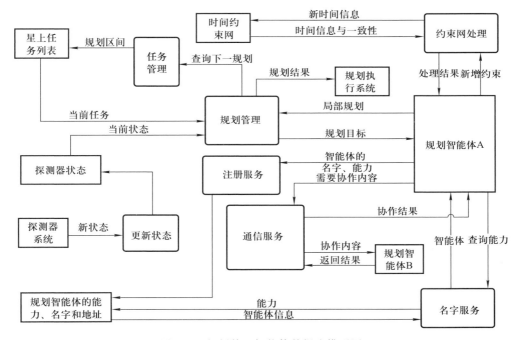

图 8-3 规划管理智能体数据流模型图

Fig.8-3 Data flow model diagram of planning manager agent

8.2.3.3 规划智能体

规划智能体是多智能体规划系统的核心,探测器的每个子系统建模为一个或多个规划智能体,各个规划智能体在规划管理智能体的协调下工作,共同产生合理的系统任务规划。

当规划管理智能体将任务发送给规划智能体时,规划智能体将其加入任务目标列表。规划智能体是一个自主运行的软件程序,它不断地检测任务列表的情况,当发现任务列表不为空时,便从中选择一个任务进行规划。规划智能体首先查找完成该任务所需要执行的活动,并检查该活动的各种约束是否满足,如果单靠自己不能完成规划时,便通过合作引擎向规划管理智能体发送一个任务请求,并等待返回可以合作的智能体的名字或地址信息,然后将合作意愿发送给该智能体。当规划智能体的任务列表为空,且当前规划中的所有活动的约束条件都已经满足,则规划智能体向规划管理智能体发送局部规划结果。规划智能体的数据流模型如图 8-4 所示。

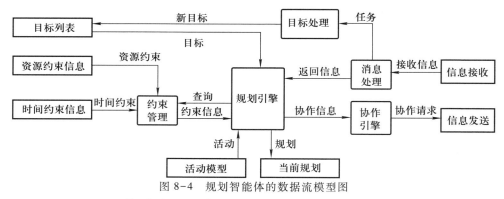

图 8-4　规划智能体的数据流模型图

Fig.8-4　Data flow model diagram of planning agent

规划智能体的内部知识都采用第 2 章中设计的基于 XML 的探测器规划知识表示方法描述,包括广义活动、广义活动之间的时间区间约束、广义活动所消耗的资源等。这种方式将规划知识都采用自己定义的标示的形式来界定,使每个规划智能体可以非常方便地理解其他规划智能体的请求和意图。而且各个智能体之间通信语言的内容也是采用 XML 的形式描述,这为多智能体系统中规划智能体之间的交流与合作提供了方便的机制。规划智能体的具体规划算法采用第 3 章中设计的基于时间约束网络的规划算法。它与传统规划算法最大的区别是,该方法进行规划的动因是时间约束而不是活动状态之间的因果关系。当前活动满足以后便可以开始对加入规划中的其他活动进行处理,这样一步一步将相关的活动都加入规划中,使其最终形成合理的规划结果,满足各个活动的时间约束和资源约束。

8.2.4　规划智能体和规划管理智能体的实现

规划智能体和规划管理智能体都是从上述的基本 Agent 类派生的。规划智能体主要针对规划系统的要求,在规划知识库、规划状态时间线、约束处理、规划算法等方面进行了扩充。规划智能体中的 run( )函数覆盖其基类中的 run( )函数,其中运行我们在第 6 章中所设计的基于时间约束网络的智能体的规划算法。当规划智能体接收到系统其他智能体(包括规划管理智能体)发送来的消息时,便通过触发 aEventFired(AgentEvent e)函数调用 processMessage(AgentMessage msg)函数,处理其他智能体发送来的消息。规划智能体各种相应的消息做出响应和合作协调策略都在 processMessage(AgentMessage msg)函数中实现。

规划管理智能体同样是在基本 Agent 类的基础上进行了功能扩充。为了使多智能体系统中的通信服务智能体仅有一个,首先定义了一个静态的规划管理智能体的实例和一个实例化函数 instance( ),一旦系统已经存在一个规划管理智能体的实例,便不会再实例化任何规划管理智能体。另外为了完成规划管理智能体的通信服务和规划管理的能力,这里增加了相关的一些属性和函数,例如规划智能体列表(名字和地址)、规划智能体能力列表、任务目标列表、探测器状态、规划最终结果、注册函数、初始化函数、规划过程管理函数等。同样在 processMessage(AgentMessage msg)函数中详细实现了规划管理智能体的消息处理机制和第 6 章中设计的规划智能体的协作策略。

为了仿真显示方便,为规划管理智能体和每个规划智能体设计了图形用户界面。图 8-5 是规划智能体的界面,显示了规划过程中该规划智能体向其他规划智能体发出的请求合作的消息和接收到其他规划智能体发来的请求合作的消息。图 8-6 是仿真系统中规划管理智能体的界面,这里主要显示了规划管理智能体作为通信服务器与其他规划智能体之间的消息传递。

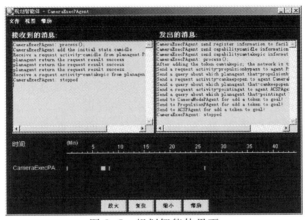

图 8-5 规划智能体界面

Fig.8-5 Interface of planning agent

图 8-6 规划管理智能体界面

Fig.8-6 Interface of planning manager agent

8.2.5　时间约束网络及其算法的实现

基于多智能体的深空探测任务规划系统中处理最多的就是时间约束网络,因为规划过程中,在每一个活动的选择后都需要对其集中的时间约束进行处理,获得该活动与以前加入活动的一致性、加入活动后对整个网络的影响。它的计算速度直接影响到了多智能体任务规划系统的速度。因此在第 3 章中我们对规划过程中的时间约束网络变化情况进行了分析,设计了一种动态增量式时间约束网络算法,仅仅对受到影响的局部网络进行计算,大大减少了计算量。这里根据所设计的算法给出其实现过程。

该算法由两个类来实现:时间节点类 TNode 和时间约束网络类 TCN。其中时间节点类主要定义了时间约束网络中的节点所包含的信息,如节点的编号、节点对应的广义活动、节点的出边、节点的入边等,以及在时间约束网络处理过程中的一些辅助信息,如前向计算标志和后向计算标志等。并且设计了操作和控制这些节点的一些函数接口,如增加入边或出边、删除入边或出边、标志置位和复位等。

时间约束网络的处理算法是在 TCN 类中实现的。首先定义了算法所用的数据:当前时间约束网络中的约束、计算出的最短距离、计算过程中受影响的节点队列等。并实现了规划过程中对时间约束网络的操作函数,如增加和删除时间节点、增加和删除时间约束(即时间约束网络中的边)等。为了防止规划过程中同时由多个规划智能体改变时间约束网络,造成数据的不同步,我们采用 Java 语言中的线程同步机制,将每个操作函数前面都加上关键字 synchronized。时间约束网络的处理算法是在函数 processnet( )｛　　｝中实现的,其返回值是布尔型的,当新加入的约束造成了时间约束网络不一致,则返回 False,否则返回 True,并计算出时间原点到每个时间点的最短距离数组和每个时间点到时间原点的最短距离数组,从而得到时间约束网络中每个时间点的可能取值范围。规划智能体根据这些信息将新加入的活动放置到相应的状态时间线上。

图 8-7 是规划过程中时间约束网络的情况,其中每一个网络顶点代表规划过程中加入的活动的开始时间点或结束时间点,顶点之间的连线及权值代表两个顶点之间的距离。

8.2.6　深空探测器任务规划系统仿真实验及结果分析

为了验证所设计的规划算法、多智能体规划结构,在前面设计的深空探测器自主任务规划仿真系统的基础上,我们以深空探测过程中的某一段为例进行实验验证,主要考察多智能体规划系统与美国"深空 1 号"中使用的集中式规划方法的性能比较,系统在任务有冲突情况下的处理能力和探测器某子系统出现故障时的规划能力。

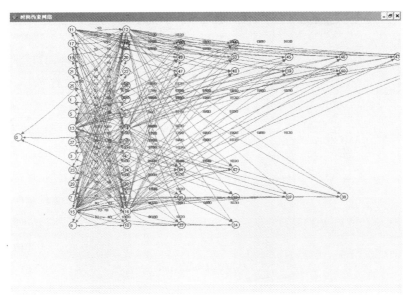

图 8-7　时间约束网络显示界面

Fig.8-7　Display of temporal constraint network

该系统考虑了深空探测器中的六个主要子系统：推进系统、拍照系统、导航系统、通信系统、姿态控制系统和规划系统。每个子系统所对应的规划智能体和每个规划智能体的主要活动及活动说明在表 8-1 中给出。对于今后其他子系统的扩充，只需将该系统相关的广义活动和一些约束条件在设计的数据库中进行描述，便可以进行该子系统的活动规划。

根据系统的具体情况，每个子系统建立起几个相关的规划智能体，例如对于姿态控制系统，我们建立了两个规划智能体：一个是探测器姿态规划智能体，负责跟踪探测器姿态方面执行的情况（对某个方向定向、转动等）；另一个是姿态系统健康状况智能体，主要是跟踪探测器姿态控制系统的健康状况（故障、正常工作等）。这些规划智能体对应时间线上的活动之间存在复杂的约束关系，我们使用第 3 章中设计的基于时间网络的规划算法对其进行规划，使其结果满足知识库中所有的约束。

在所考虑的系统中涉及了大量飞行规则和约束条件，这些都在相关的数据库中进行了描述。我们主要考虑了下面几类约束：

表 8-1　仿真实验中所考虑的子系统

Table 8-1　Considered subsystems in simulation test system

子系统	规划智能体	广义活动	说明
姿态控制系统	ATTCONTROL	ATT_PointAt	姿态固定指向某个方向
		ATT_Turnto	姿态转动到某个方向
	ATTHEALTH	ATT_Usable	姿态控制系统可用
拍照系统	CAMERAACTIVE	Cam_Takephoto	拍摄图像
		Cam_Idle	相机空闲
	CAMERASTATUS	Cam_KeepClosed	保持相机关
		Cam_KeepOpen	保持相机开
		Cam_Open	打开相机
		Cam_Close	关闭相机
		Cam_Ready	相机准备
	CAMERAHEALTH	Cam_Usable	拍照系统可用
导航系统	OBSERWINDOW	Nav_ObsWin	导航观测窗口
		Nav_NonObsWin	非导航观测窗口
	NAVPROCESS	Nav_Process	导航处理
		Nav_StopProcess	导航停止处理
	NAVHEALTH	Nav_Usable	导航系统可用
通信系统	COMACTIVE	Com_Withground	对地通信
		Com_Idle	通信空闲
	COMAVAILABLE	Com_Avail	通信可用
推进系统	SEPSTATUS	Sep_Ready	推进系统准备好
		Sep_Start	启动推进
		Sep_ThrustSect	推进一定时间
		Sep_Close	停止推进
		Sep_KeepClosed	关闭推进
	SEPTIMER	Sep_TotalTime	监视推进时间的积累
		Sep_StopTime	停止计时
	SEPHEALTH	Sep_Usable	推进系统可用

续表

子系统	规划智能体	广义活动	说明
	SEPACTIVE	Sep_Thrust	推进
		Sep_Idle	发动机空闲
规划系统	PLANNING	Plan_Nextplan	进行下一段规划
		Plan_Idle	规划器空闲

（1）顺序约束——反作用推力器在工作之前,其催化剂台需要加热至少 90 min;推进系统工作之前,发动机至少预热 1 h 等;

（2）安全约束——例如,由于离子发动机进行推进时可能使拍摄的图像模糊,所以推进系统和拍照系统不能同时工作,姿态控制系统在拍照系统拍照时不能进行转动操作;

（3）同步约束——姿态控制系统在推进系统推进时需要保持所要求的姿态;在拍照前,姿态控制系统必须先将探测器的姿态转向所要拍照的目标;

（4）资源约束——在任何时刻,电源系统仅能提供 2 600 W 的可用电能,这约束了探测器一次可以打开的仪器的数目,等等。

对于每一个规划智能体,我们定义了该规划智能体在规划过程中可以执行的广义活动和该广义活动与其他规划智能体的广义活动之间存在的约束关系。所建立的广义活动和广义活动之间的约束描述的具体形式如 2.5.3 小节中所示。

我们在实验实例中共建立了 15 个相关规划智能体,涉及 38 个活动、85 个约束,并以此为基础进行了下面的实验。

为了更好地仿真深空探测器任务自主规划过程,方便对仿真过程的控制和中间数据及结果数据的图形化显示,我们设计了友好的图形化用户界面。图 8-8 是深空探测器任务自主规划仿真系统的总体界面,通过该界面,我们可以控制仿真系统的运行、建立规划系统的数据库、初始化仿真系统、选择规划算法、显示规划结果等。

图 8-9 是规划系统的结果输出界面,其中每一行代表一个规划智能体对应的状态时间线,不同颜色矩形代表该时间线上加入的活动,矩形的位置和宽度表示活动执行的开始时间和持续时间,广义活动之间的约束也是通过矩形之间位置关系来体现的。

在上述数据的基础上,进行了下面两个实验:

（1）集中式规划系统实验。将上述的深空探测的基本数据包括系统的广义活动、活动的时间约束、资源约束等集中在一个数据库中进行描述,采用集中式规划方法对系统任务进行规划,保持系统初始状态不变,改变输入的需要规划的任务目标的个数,计算规划成功后所用的 CPU 时间。

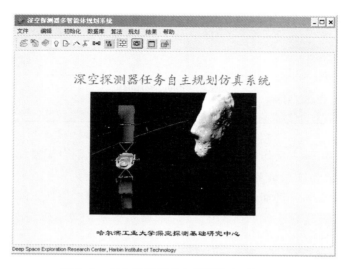

图 8-8　深空探测器任务规划仿真系统界面

Fig.8-8　Interface of planning simulation system of deep space probe

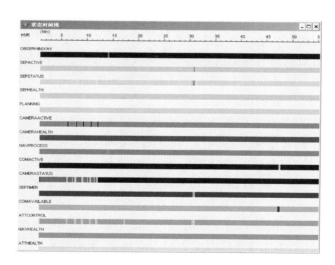

图 8-9　规划结果输出界面

Fig.8-9　Display of planning result of simulation system

（2）多智能体规划系统实验。根据深空探测系统具体情况分别建立多个规划智能体,并建立相关智能体的知识库,在仿真系统中采用多智能体的规划方法进行实验,同样改变输入的任务目标的个数,计算完成规划所用的 CPU 时间。

两个实验的结果数据如表 8-2 所示,绘制为图形如图 8-10 所示。

表 8-2　目标变化时集中式规划器和多智能体规划器的运行时间
Table 8-2　The CPU time of centralized planning system and multi-agent planning system with the variation of goal number

规划器类型	任务目标数						
	1	2	3	4	5	6	7
集中式规划器	0.194	0.216	0.645	1.091	2.102	3.756	10.929
MPA	0.202	0.327	0.453	0.586	1.106	1.913	5.735

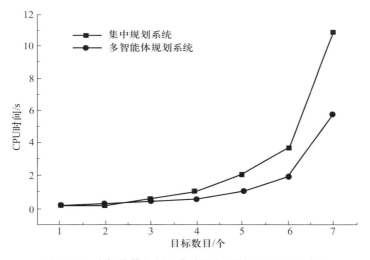

图 8-10　多智能体规划和集中规划系统所用 CPU 时间
Fig.8-10　CPU time for MAPS and centralization planning system

从上面的实验结果可以得到下面几个结论:

(1) 两类规划系统所用的时间都随着任务目标数量的增加而快速增加,深空探测器在飞行过程中常常需要进行大量的任务规划,规划系统的速度严重影响了探测器自主性的实现。

(2) 多智能体规划系统的整体效果要优于集中式规划系统,尤其是随着规划任务数量的增加,其优越性也越来越明显。对于探测器系统,多智能体规划系统从理论上具有更高的可取性,它可以使探测器快速形成规划,提高探测器的实时响应能力。

（3）随着任务目标数量的增加，多智能体规划系统各个智能体协作的频率也增加，造成智能体之间通信量的增加，因此规划系统所用的 CPU 时间也随之增加。

对于规划系统，当探测器模式识别与故障恢复系统发现某些系统出现故障时，必须能够在规划过程中进行处理。在多智能体规划系统中，我们对于每个子系统设计构造了一个健康状况智能体，它跟踪对应系统在运行过程中的健康状况，如果系统出现故障，它便将它的时间线相应时间区间内的状态置为"不可用"，规划系统在规划过程中便可以通过通信的方式获得系统的健康状况，如果系统处于不可用状态，多智能体规划系统便弹出警告窗口，并取消相应的任务。

8.3　航天器自主观测任务规划系统及应用

为了验证航天器自主观测任务规划技术和航天器姿态机动规划技术在航天器上运行的可行性与所设计算法的有效性，设计并建立了针对航天器的自主观测任务规划仿真系统，并开展了规划仿真实验与分析，该自主观测任务规划系统成功应用到中科院微小卫星创新研究所某对地观测小卫星创新的在轨自主任务规划和管理系统中。

8.3.1　自主观测任务规划程序设计

基于对航天器自主出入境规划技术、航天器自主观测任务规划技术和航天器姿态机动规划技术研究，设计相应的自主观测任务规划系统程序来作为航天器自主观测任务规划仿真系统的核心部分。其程序设计图如图 8-11 所示。

整个自主任务规划程序由自主任务规划使能指令开启，通过注入的轨道初始数据和设定规划时长进行后续规划。结合给定的地面测控站参数和轨道递推模块，进行自主出入境规划，并生成航天器出入境星历表来模拟航天器与地面测控站的测控过程。结合地面数传站参数、区域目标、重点目标等参数和轨道递推模块，进行自主观测任务规划，并生成航天器观测任务序列表。由于航天器在执行观测任务的时候需要进行相应的姿态指向，所以结合生成的航天器观测任务序列表来得到需要进行姿态机动的时间区间。根据轨道递推模块和观测任务起始和结束的姿态要求，进行姿态预估得到姿态机动规划所需要的起始姿态和目标姿态，从而进行姿态机动规划，生成航天器姿态机动导引律来模拟航天器执行一次观测任务的过程。

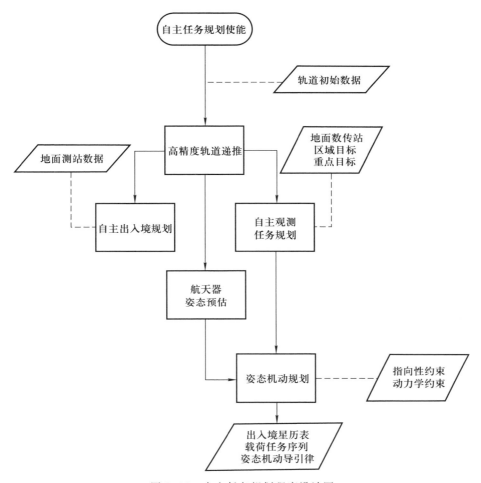

图 8-11 自主任务规划程序设计图

Fig 8-11 Program scheme of autonomous mission planning

8.3.2 自主观测任务规划仿真系统的设计与实现

为了更加直观地展现航天器自主观测任务规划的过程,在上述自主观测任务规划系统模拟平台的基础上,设计并建立了从模拟航天器在轨规划,到模拟地面站数据与指令交互,再到仿真结果实时分析的三个完整的仿真过程。

整个航天器自主观测任务规划仿真系统共分为三个部分:航天器自主观测任务规划系统模拟平台、航天器自主观测任务规划系统管理软件和航天器自主观测任务规划结果分析平台。三者之间进行数据交互,形成了航天器自主观测任务规划仿真系统,其系统结构示意图如图 8-12 所示。

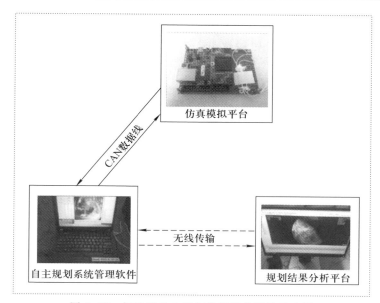

图 8-12　航天器自主规划仿真系统结构示意图

Fig.8-12　Illustration of autonomous planning simulation system for spacecraft

8.3.3　自主观测任务规划结果分析平台

为了更好地将仿真模拟平台中自主任务规划的仿真结果进行分析与展示,利用 STK(卫星工具包)的二次开发功能,结合 Microsoft Visual Studio 2010 程序设计软件,设计了航天器自主观测任务规划结果分析平台,如图 8-13 所示。

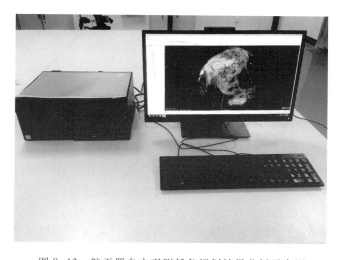

图 8-13　航天器自主观测任务规划结果分析平台图

Fig.8-13　Illustration of autonomous observation tasks for spacecraft

航天器自主观测任务规划结果分析平台的主要功能是将通过 WiFi 无线传输得到的自主任务规划结果进行仿真展示与验证,来证明规划结果的正确性。

8.3.4　规划系统仿真与结果分析

为了更好地进行航天器自主观测任务规划仿真实验,本文设计了一个仿真实例,通过自主观测任务规划系统管理软件的发送数据界面(如图 8-14 所示)开启自主观测任务规划程序。

图 8-14　指令和数据发送功能界面图

Fig.8-14　Interface of instruction and data transmission

由指令和数据发送功能界面向航天器自主观测任务规划仿真模拟平台发送星上时,同时发送轨道参数发送完毕后开启未来 7 天的任务规划。

随后,自主观测任务规划系统管理软件的接收数据界面通过 CAN 数据线接收到规划结果,并进行实时解析如图 8-15 所示。界面上半区显示为 CAN 盒实时传输的星上状态数据,界面下半区显示为管理软件实时解析数据。通过该功能界面,管理软件能够实时得到自主观测任务规划模拟平台的实时状态,更加直观地展示出自主观测任务规划进程。

8.3.4.1　自主出入境规划结果与分析

首先自主观测任务规划模拟平台进行未来 7 天的航天器出入境规划,整个规划过程耗时 15 min 左右,规划完成结果实时解析界面如图 8-16 所示。

由图 8-16 可以看出,自主出入境规划得到了 20 组出入境结果。当解析结果完毕后,将注入轨道数据通过无线网络传输至结果分析平台,开启 STK 仿真结果分析,出入境 STK 仿真结果图如图 8-17 所示。

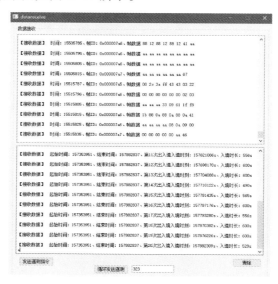

图 8-15 接收数据功能界面图

Fig.8-15 Interface of data receiving

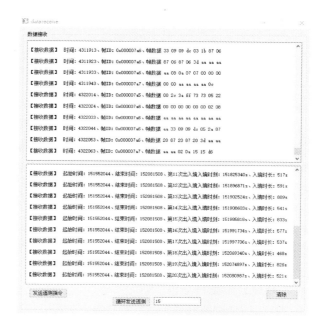

图 8-16 出入境规划结果实时解析图

Fig.8-16 Interface of real time results of entry and exit

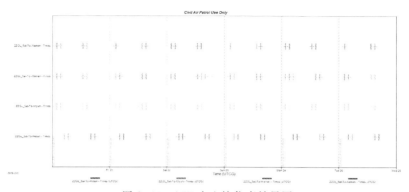

图 8-17 STK 出入境仿真结果图

Fig.8-17 Entry and exit results on STK

通过 STK 出入境仿真结果与模拟平台规划结果进行对比,以验证本次出入境规划结果正确性。经过出入境区间对比与融合,出入境规划结果与 STK 仿真结果基本吻合,验证了自主出入境规划的正确性。

8.3.4.2 自主观测任务规划结果与分析

随着自主出入境规划结束,模拟平台开始进行为期 7 天的自主观测任务规划,整个规划过程耗时 17 min 左右,规划完成结果实时解析界面如图 8-18 所示。

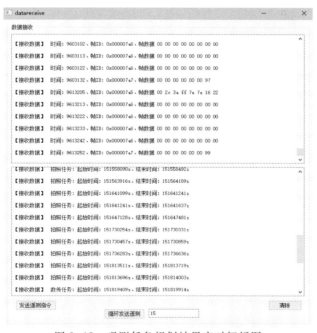

图 8-18 观测任务规划结果实时解析图

Fig.8-18 Interface of real time results of observation task planning

　　由图 8-18 可以看出,观测任务规划得到了 7 天内拍照任务和数传任务的时间区间。当解析结果完毕后,将规划解析结果数据通过无线网络传输给结果分析平台,开启 STK 仿真结果分析,将得到的任务时间区间数据去驱动 STK 仿真过程,得到观测任务规划 STK 仿真结果图。

　　在观测任务规划 STK 仿真结果图中,条带代表观测任务条带,线条代表航天器进行数传任务时的轨道条段,虚线框代表此次观测任务规划的大观测目标区域。条带的起始和结束时刻均由观测任务规划结果数据得到的。从结果可以看出,观测任务条带均在预先划定的大观测目标区域,数传任务规划条带也在所预先设定的地面数传站周围。这也验证了自主观测任务规划的正确性。

8.3.4.3　姿态机动规划结果与分析

　　由于得到了观测任务规划结果,本书针对数传时航天器的姿态指向要求,进行姿态机动规划。在数传任务起始时刻前 90 min,模拟平台进行姿态机动规划,整个规划过程耗时 40 min 左右,规划完成结果实时解析界面如图 8-19 所示。

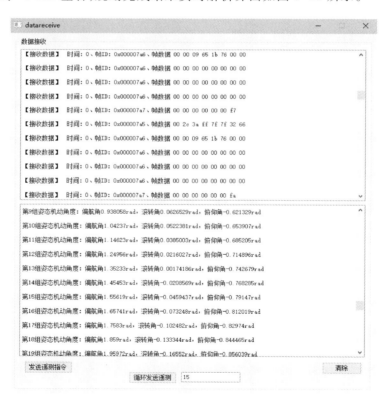

图 8-19　姿态机动规划结果实时解析图

Fig.8-19　Real time results of attitude maneuver

由图 8-19 可以看出,姿态机动规划得到了数传任务执行时三轴的姿态导引率,当解析结果完毕后,将规划解析结果数据通过无线网络传输给结果分析平台,开启 STK 仿真结果分析,将得到的三轴姿态导引数据去驱动 STK 仿真过程,姿态机动规划 STK 仿真结果图如图 8-20 和图 8-21 所示。

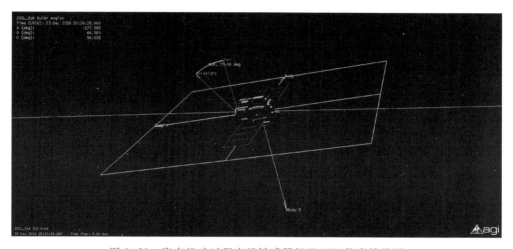

图 8-20 姿态机动过程中星敏感器规避 STK 仿真结果图

Fig.8-20 Simulation of star sensor evasion in attitude maneuver on STK

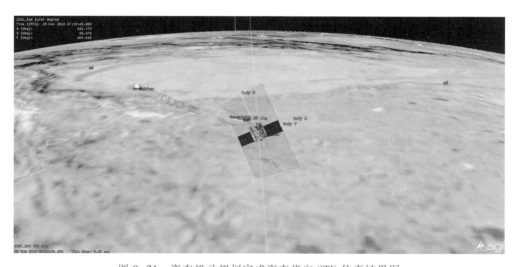

图 8-21 姿态机动规划完成姿态指向 STK 仿真结果图

Fig.8-21 Simulation of accomplishing attitude pointing on STK

从图 8-20、图 8-21 可以看出,航天器在姿态机动过程中进行了姿态规避,同时在姿态机动完成后实现了对地面数传站的指向要求,由此证明了姿态机动规划的正确性。

8.4　火星探测器自主任务规划与管理系统设计

由于火星探测距离远、探测器所处外部环境复杂且不确定性强、科学目标的突现性等特点,传统的地面控制方法已经逐渐不能满足火星探测的需求。为了给火星探测任务提供技术支持,我们针对探测器自主在轨任务规划技术、自主故障检测、隔离和恢复等技术进行了研究,设计实现了火星探测器自主任务管理系统,验证了火星探测器自主任务规划技术。

8.4.1　软件设计架构

根据火星自主运行的需要,在现有火星轨道器星务管理系统之上设计了火星探测器自主在轨运行仿真系统软件结构,可以完成火星探测高级任务指令的管理、自主任务规划、故障识别与重构等功能。软件系统结构如图 8-22 所示。

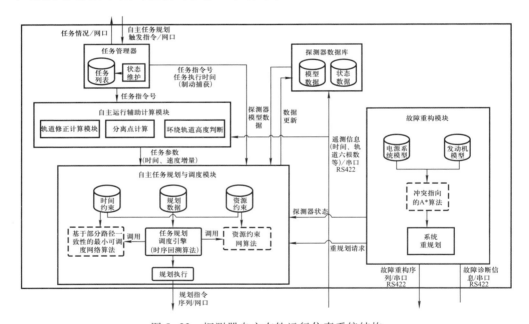

图 8-22　探测器自主在轨运行仿真系统结构

Fig.8-22　Autonomous onboard simulation system for probes

（1）任务管理器:处理探测器需要执行的高级任务,包括任务列表和任务维护两部分,起到维护规划引擎连续运行、联系地面和星上的纽带作用。

（2）探测器数据库:存储探测器的模型、状态及规划数据,包括模型数据和状态数据两部分,为任务规划与调度模块提供输入数据。

（3）任务规划和调度模块:通过规划调度产生探测器指令实现自主任务生成,包括规划数据管理、启发式搜索、约束处理、规划调度引擎等部分。

（4）故障恢复与系统重构模块:接收探测器自主管理仿真系统产生的探测器状态和故障诊断结果,并在发生故障时进行处理,包括故障处理部分和系统重规划部分。

（5）探测器自主管理仿真系统:仿真探测器的状态和动力学特性,接收规划生成的控制指令并执行,返回执行指令后的探测器状态,并通过对探测器状态进行故障诊断,返回探测器的故障情况。

（6）地面控制中心:可以获取探测器状态和任务执行情况,并通过向任务管理器发送任务目标,更新自主运行系统的任务列表。

以器器分离任务为例,传统的深空探测器遥测遥控方式需在地面控制中心对该任务进行动作排序,并将结果打包上传。星上自主在轨运行系统可根据任务管理器中维护的列表或地面控制中心手动更新的任务列表直接进行规划任务。其中,地面上传的指令为高级指令,避免了大数据传输带来的时延以及丢包的可能。在任务管理器中,我们采用时间筛选的方式寻找在未来 3 天内需要执行的任务,并对其提前规划。当需要规划的任务器器分离被筛选出来,任务管理器将任务号"器器分离"发送给任务规划与调度模块并将该模块激活。规划模块根据器器分离任务的任务号在数据库中获得该任务所需的模型"Mars_problem_1",同时,探测器数据库将探测器当前的状态数据发送至轨道模块并计算出器器分离任务所需要的轨道参数。当规划模块获得器器分离任务的模型和数据后,便可根据多种规划算法综合设计出完成该任务的动作序列。

8.4.2　软件界面总体设计

软件界面总体设计如图 8-23 所示。主界面主体窗口由四部分组成:系统任务选取窗口、系统各状态动态曲线显示窗口、系统主要功能窗口以及系统执行任务信息窗口。其中,系统任务选取窗口便于用户向系统添加任务信息,是软件独立运行时的核心部分之一,故放在主界面上,有利于用户实时地添加任务,极大地简化了用户的操作复杂度以及操作难度,体现出软件交互的友好性;系统各模块状态曲线动态显示窗口在系统开始规划运行之后,会动态地显示系统主要模块的工作状态（执行或是等待）,可以方便用户直观地实时查看软件系统内部的运行状态,从而可避免不必要的误操作或冗余操作,极大地缩减了用户的操作时间以及精简了用户的操作步骤,使软件的使用更有效率,更有助于提升用户的操作体验;系统执行任务信息窗口会实时显示软件内部正在执行的任务名称及具体参数信息,这个功能主要用于提示用户已添加任务或已接收任务的执行情况,也在一定程度上反映了当前系统内部的任务选取、任务执行顺序以及规划的进度显示,更可以在任务执行完毕后及时地进行结果查看或者新任务的添加,缩减了不必要的等待时间,优化了操作效率。

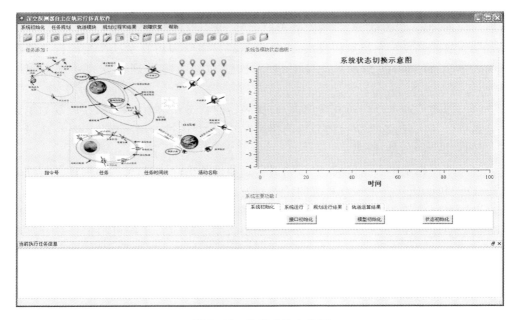

图 8-23　仿真系统主界面

Fig.8-23　Main interface of simulation system

　　主界面上的菜单选项根据功能不同主要分为六项:系统初始化、任务规划、轨道模块、任务规划和结果、故障恢复、帮助。菜单栏选项将各项功能相近的动作集中在同一分类下,既能够方便用户对软件功能的了解和认知,有利于进一步熟悉软件的操作,提高使用效率,又能够提供相应的操作提示,用户可直观地浏览和选择软件的各种功能,帮助用户掌握该软件的使用方式,减少因操作的不熟练带来的时间浪费。

　　工具栏上布置的功能采用与菜单栏内相应功能一致的图标。各图标都有对应的功能提示,既方便不熟悉操作的用户对于软件功能操作的快速认知,又利于熟练的用户节省操作的时间。

　　软件大部分功能(如规划结果显示等)采用弹出窗口的形式,弹出的对话框均为非模态对话框。由于软件对于系统规划结果等功能的显示方式呈多样化特点,故采用非模态对话框显示结果,有利于用户直观地观察各不同类型的结果显示,亦可用于不同类型的显示结果的比对与分析。而且软件可用于动态显示系统的运行过程,采用非模态对话框可与主界面上系统各状态模块曲线显示相对照,可使用户进一步加深对系统运行方式及运行模式的理解,有利于在短时间内掌握软件的基本操作。所以,软件采用非模态对话框的形式是基于软件的架构及用户的操作体验,是合理有效的选择。

8.4.3 数据流程

进行在轨运行仿真时,系统运行时的数据流程如图 8-24 所示。

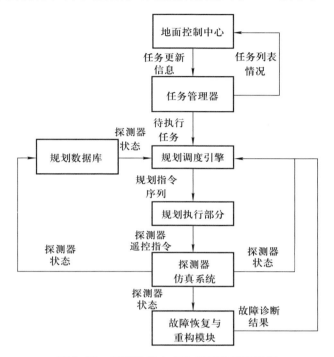

图 8-24 探测器自主在轨运行数据流程图

Fig.8-24 Data flow chart of autonomous onboard operations of probes

(1) 任务管理器的任务维护部分检测任务列表,向规划调度引擎发送待执行任务数据包。

(2) 规划调度引擎以接收到的任务目标和探测器状态为输入,进行任务规划和调度,产生包括高级任务的规划结果。规划执行部分将规划结果解析为由低级任务组成的指令序列,将规划指令序列数据包发送到探测器自主管理仿真系统。

(3) 探测器自主管理仿真系统执行规划产生的指令序列,生成新的探测器状态,通过模式识别与故障诊断判断探测器是否发生故障。不存在故障时,直接将探测器状态发送给规划调度引擎;存在故障时,生成探测器的故障模式,将探测器状态数据包发送给故障恢复与重构模块。

(4) 故障恢复与重构模块根据收到的故障信息,生成故障处理方案,并向任务规划与调度模块发出故障诊断结果数据包。

(5) 任务规划与调度模块接收到探测器状态后,更新探测器数据库中的探测器信息,并根据任务管理器发送的任务目标开始下一步规划;收到重规划请求时,根据故障恢复与重构模块传过来的故障信息及恢复策略进行重规划。

（6）地面控制中心通过与探测器自主管理仿真系统通信，更新获取到的探测器数据，上传后续任务目标，并可通过任务管理器对任务目标进行改动。

8.4.4　仿真测试结果

　　系统采用轨道修正任务作为测试用例，进行仿真实验验证自主任务规划系统的性能。探测器在运行过程中，由于太阳风、引力、电磁效应等外界环境影响因素导致其自身轨道与理论设计轨道参数之间存在偏差，为了不使探测器偏离目标轨道，需要在必要时刻进行轨道修正任务使探测器自身修正轨道偏离误差，保证探测任务的成功。

　　测试结果如下，图 8-25 为轨道修正任务规划后得到的规划结果，用时间线和分系统两种方式进行表示。图 8-26 为规划过程曲线。图 8-27 为轨道修正输出参数。图 8-28 为轨道修正输出曲线。

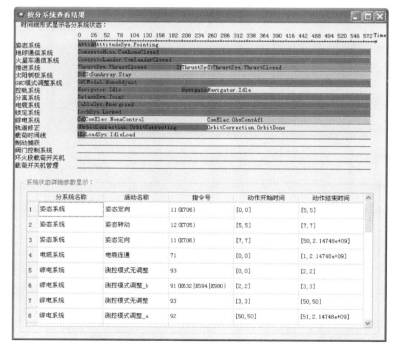

图 8-25　规划结果时间线

Fig.8-25　Result timelines of planning

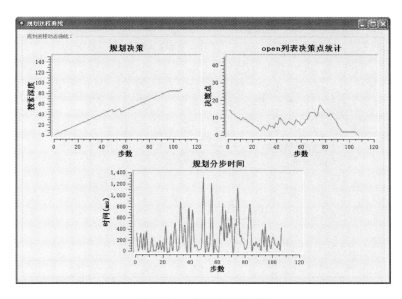

图 8-26 规划过程曲线图

Fig.8-26 Result curves during planning

图 8-27 轨道修正输出参数

Fig.8-27 Orbit correction output parameters

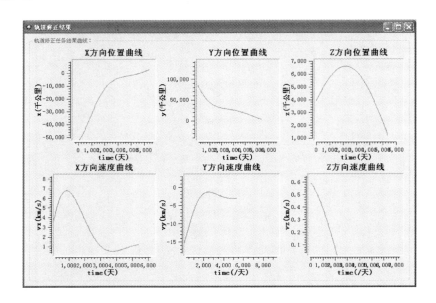

图 8-28　轨道修正输出曲线图

Fig.8-28　Orbit correction output curves

8.5　本章小结

首先根据前面章节对规划系统知识建模方法、基于时间约束网络约束处理方法、资源约束处理方法、航天器规划技术、姿态机动规划技术等内容的深入研究,给出了三种典型的航天器任务规划技术应用场景,利用设计和实现的仿真系统,对任务规划系统的性能进行了仿真、实验和分析。

郑重声明

高等教育出版社依法对本书享有专有出版权。任何未经许可的复制、销售行为均违反《中华人民共和国著作权法》，其行为人将承担相应的民事责任和行政责任；构成犯罪的，将被依法追究刑事责任。为了维护市场秩序，保护读者的合法权益，避免读者误用盗版书造成不良后果，我社将配合行政执法部门和司法机关对违法犯罪的单位和个人进行严厉打击。社会各界人士如发现上述侵权行为，希望及时举报，本社将奖励举报有功人员。

反盗版举报电话　（010）58581897　58582371　58581879
反盗版举报传真　（010）82086060
反盗版举报邮箱　dd@ hep. com. cn
通信地址　北京市西城区德外大街 4 号　高等教育出版社法务部
邮政编码　100120